《 畜禽标准化养殖技术丛书

生猪标准化养殖技术

SHENGZHU

BIAOZHUNHUA YANGZHI JISHU

尹洛蓉 ◎ 编著

西南交通大学出版社
·成 都·

图书在版编目（CIP）数据

生猪标准化养殖技术 / 尹洛蓉编著. —成都：西南交通大学出版社，2016.8
（畜禽标准化养殖技术丛书）
ISBN 978-7-5643-4921-9

Ⅰ. ①生… Ⅱ. ①尹… Ⅲ. ①养猪学 – 饲养标准 Ⅳ. ①S828

中国版本图书馆 CIP 数据核字（2016）第 199890 号

畜禽标准化养殖技术丛书

生猪标准化养殖技术

尹洛蓉 编著

责任编辑	陈 斌
封面设计	何东琳设计工作室
出版发行	西南交通大学出版社 （四川省成都市二环路北一段 111 号 西南交通大学创新大厦 21 楼）
发行部电话	028-87600564 028-87600533
邮政编码	610031
网址	http://www.xnjdcbs.com
印刷	四川森林印务有限责任公司
成品尺寸	170 mm × 230 mm
印张	12.5
字数	230 千
版次	2016 年 8 月第 1 版
印次	2016 年 8 月第 1 次
书号	ISBN 978-7-5643-4921-9
定价	48.00 元

前言

中国是世界养殖与种猪生产第一大国，我国养猪业历史悠久，种猪资源丰富，生猪养殖业占据我国畜牧业生产的半壁江山，更关系到人民生活和社会稳定。随着我国加入 WTO、经济全球化以及农牧业产业结构的调整，我国生猪养殖业由散养向适度规模养殖模式的转变以及生猪规模化养殖的迅速发展，我国养猪业存在的管理落后、生产效率低下，生产设施简陋、疫病和环境污染风险及食品安全问题日渐突出。目前，我国养猪业发展趋势呈现出养殖方式规模化、专业化，产业模式集团化、产业化，养殖设备自动化、智能化，养殖技术标准化、精细化，养殖管理电子化、信息化，猪场设计科学化、福利化，养殖产品多元化、差异化，养殖环境可控化、循环利用化。

农业部从 2010 年开始在全国范围内实施畜禽养殖标准化示范创建活动，推进我国畜牧业转型升级、加快现代畜牧业建设。各地畜牧主管部门在全国畜牧总局的统一部署下，组建养猪创新团队，示范推广生猪标准化养殖技术。

本书介绍了生猪标准化养殖的概念、意义和生猪标准化养殖技术规范，重点介绍生猪标准化养殖技术。内容包括生猪标准化养殖的环境调控技术、猪场的设计与建设、品种与繁殖技术、饲料与日粮配制技术、标准化饲养管理技术、疫病防控技术和粪污处理技术，旨在推动我国现代养猪业的发展，加快生猪适度规模化生产的步伐，推广生猪标准化养殖配套技术，提高生猪适度规模化生产水平和经济效益，实现我国养猪业安全、生态、优质、高效、可持续发展。

针对我国养猪业的发展现状，作者总结近年来的生猪养殖的实践、科研、技术推广经验，借鉴国内外生猪养殖的最新技术和成果，在广泛调研的基础上精心编写此书。本书汇集生猪标准化养殖的理论和技术，内容丰富，技术先进，具有实用性和可操作性。希望本书为从事养猪生产的饲养管理人员、基层畜牧兽医技术人员、农业推广工作者提供帮助。限于作者的时间和写作水平，书中存在的不足之处，敬请读者批评指正。

编著者

2016 年 5 月

目　录

第一章 概 述

第一节 我国养猪业的发展前景

一、我国养猪业的现状

中国是世界养殖与种猪生产第一大国，生猪养殖业是我国畜牧业生产的重要产业之一，生猪生产占牧业总产值的 54%，占肉类总产量的 63%，2013 年出栏 7.16 亿头，猪肉产量 5 493 万吨，饲养量和屠宰量占世界 50%左右。生猪养殖业关系到人民生活“菜篮子”的健康安全，同时与社会稳定息息相关。近年来，我国生猪养殖业已进入转型发展的关键期。

（一）由散养向适度规模养殖转移

2013 年我国生猪存栏 47 400 万头，比 2012 年减少 0.3%；2013 年末，能繁母猪存栏量为 5 100 万头，较 2012 年降低 0.16%；2013 年我国出栏生猪 71 500 万头，比 2012 年增加 2.5%。我国年出栏 1～49 头的生猪养殖户数在 2002—2009 年间以年均 5.60%的速度减少，而年出栏 3 000 头以上的生猪养殖户数在 2006—2009 年间增长速率均达 32.03%。我国生猪养殖已经实现由千家万户散养向适度规模养殖的转移。

（二）规模化养殖发展迅速

生猪养殖业呈现标准化规模化快速发展。2007—2013 年，国家财政仅就标准化猪场改造共投入资金 200 亿元，改造 6 万个猪场；2013 年出栏 500 头以上养殖场 25.5 万个，出栏生猪比重达 40.8%，比 2007 年提高 19 个百分点；2013 年猪肉产量 5 493 万吨，比 2007 年增长 28%，年均增长 3%，出栏率达 151%，比 2007 年提高

23 个百分点。随着规模化养殖的迅速发展，养猪生产实现了由数量型向质量型的重大转变。

（三）生产水平尚待提高

据农业部年度数据报告报道，1995—2010 年中国的母猪年出栏肥育猪 13.31 头，2013 年每头母猪提供的商品猪 14 头，全程死亡率超过 20%，而我国规模猪场平均每头母猪每年可提供商品猪不足 16 头，虽高于国内平均水平，但远低于养猪发达国家母猪年提供 22 头以上的水平，丹麦超过 25 头，美国 21.45 头（2011 年）。随着规模化养殖的推进，我国的生猪养殖进入规模化、标准化生产发展阶段。

二、我国养猪业的问题和对策

随着我国规模化养殖的迅速发展，养猪业的问题逐渐暴露，并越来越突出。认清我国养猪业存在的问题，依靠科技解决问题，才能促进我国养猪业的健康、持续发展。

（一）管理落后，生产效率低

小型养猪场仍持传统落后的养猪观念，忽视生猪养殖技术的进步和发展，盲目养殖，造成生产效益低下，甚至失败。小型养猪场由于资金投入有限、生产设施简陋、技术力量薄弱、缺乏专业的生产管理技术，给养猪生产带来许多安全隐患，影响整个养猪业的生产水平。

部分养猪场从业人员缺乏必需的专业知识、技能和素养，管理者只看重眼前的效益，对先进的新技术、新方法缺乏发展的眼光，失去许多机会。养猪场大多分散生产和经营，缺乏行业发展趋势分析和专业的生产经营计划，生产盲目性大，造成许多猪场“上马快、下马也快”。

针对我国养猪业的生产现状，通过相应的行业协会或龙头企业，采取“公司+农户”“封闭式委托养殖”等模式，利用行业协会或龙头企业的专业优势，增强养猪场对市场风险的抵抗能力，促进养猪生产的健康、持续发展。

（二）生产设施简陋、疫病和环境污染风险大

养猪场由于观念、资金和技术的缺乏，猪场建设时对选址、建筑、设备等方面

缺乏基本的卫生防疫条件。猪舍设计不按照单元式设计，猪场不能实施全进全出，导致疫病循环感染。猪舍缺乏合理的保温、通风设备，舍内环境恶劣、存在疫病隐患。消毒设施和粪污处理设施简陋，存在疫病防控风险，环境污染严重。

为此，国家近年来投入大量资金用于猪场改造，加强猪场圈舍改造、粪污处理，增强疫病防控和环境保护能力。同时，对新建猪场严格控制，按照动物防疫条例建设。

（三）食品安全问题突出

近年来，我国肉食品安全问题频发，滥用和非法使用兽药及违禁药品，导致药物残留问题；部分地区病死猪肉流入市场，引发的人畜共患病危害社会公共卫生事件等食品安全问题时常出现。非法疫苗的使用，导致生猪疫病爆发呈现出地方性流行、高危害、广范围的特点。

协调好生猪防疫与食品安全问题，建立防疫与食品安全体系。科学制定免疫程序、选择正规疫苗、正确接种，做到疫病防控制度化，是减少疫病发生、保证食品安全的重要手段。

三、我国养猪业的发展趋势

面对我国养猪业存在的问题和对策，我们应抓住良好的发展机遇，依靠科技发展养猪业。我国养猪业的发展趋势呈现以下特点：养殖方式规模化、专业化，产业模式集团化、产业化，养殖设备自动化、智能化，养殖技术标准化、精细化，养殖管理电子化、信息化，猪场设计科学化、福利化，养殖产品多元化、差异化，养殖环境可控化、循环利用化。

（一）养殖方式规模化、专业化

规模化养猪是我国养猪业发展的总体趋势，规模化养猪是技术、资金密集的产业。规模化养猪需要新技术、新设备做支撑，而技术研发、新技术和新设备的应用，都需要一定的资金支持。小型猪场和小规模养猪场很难承受资金压力，而适度规模化的猪场，具有资金、技术优势，有利于生产性能和劳动生产效率的提高。

（二）产业模式集团化、产业化

随着农民的工资性收入快速增长，农户养殖模式越来越缺乏竞争力。规模化猪场与小型猪场的技术水平的差距逐步扩大，新技术是解决生产效率的根本出路。目前我国主要的产业模式包括温氏的“封闭式委托养殖”模式，巨星的“四统二保”模式，齐全的“四六开”零风险模式，河南牧源的“三自一体”模式（自育自繁自养的一体化产业链），新希望的“公司+农户”模式，特驱的“三位一体”模式（种植、养殖、加工三位一体模式）。目前各大型养殖企业均在向集团化转型和升级，进军屠宰、加工、零售领域，打通从生猪养殖到末端销售的整个环节，向服务全产业链转型。

（三）养殖设备自动化、智能化

随着规模化养猪业的迅速发展，养殖设施、环境控制必须升级换代。不同的猪舍建筑结构和劳动效率不同，对猪群的健康状况影响不同。同时，劳动力成本越来越高，熟练技术人员、场长短缺，影响猪场的生产效益。充分利用现代养殖设备替代大量人工，利用现代信息技术实施养殖自动化和智能化，大力提高养猪生产效益和经济效益。国家和各地纷纷投入资金，改善猪场的设备，对提高当地养猪生产水平发挥了重要作用。

（四）养殖技术标准化、精细化

随着生产水平的提高，猪的营养需要也在发生变化。而且饲养阶段的划分越来越细，饲养越来越精细化。妊娠母猪普遍采用 2 ~ 3 种饲料配方，断奶仔猪、生长肥育猪也有 3 ~ 4 种饲料配方。推行标准化养殖技术越来越重要，采用全进全出或小单元全进全出，有利于减少疫病传播和应激，便于清洁、观察和维修保养，出栏日龄可缩短 10 ~ 15 d，日增重提高 50 ~ 80 g；采用多点式饲养，21 d 将仔猪转移到单独的保育舍和育肥舍，减少了与母畜接触感染疫病的机会，有利于仔猪健康、生长快、饲料报酬好、死亡率低；采用分胎次饲养，便于精细化管理，有助于母猪的正常发育和猪群健康、节省空间、疫病防控、发情配种和提高生产性能。

（五）养殖管理电子化、信息化

利用现代信息技术进行猪场管理。规模化猪场采用先进的档案管理系统、财务分析系统，极大地提高猪场的生产效益和经济效益。而猪场计算机远程管理系统，有利于方便客户和消费者远程进行质量追溯，确保猪肉产品质量安全。

（六）猪场设计科学化、福利化

猪场设计本着科学合理、经济实用、因地制宜、就地取材的原则，灵活应用新技术，符合猪生理生长需要，发挥遗传潜力、节省资金，解决环保问题。欧盟自 2013 年 1 月起，正式实施动物福利法，猪场禁止使用母猪限位栏。目前我国尚无此类规定，猪场设计主要考虑科学性，必须符合我国的法律法规。

（七）养殖产品多元化、差异化

目前，我国生猪养殖产品主要是高瘦肉率的商品猪，以 DLY 商品猪和 PIC 商品猪为代表，约占 50% ~ 60%，但 IMF 含量低，肉质差。除此之外，种类较多的是含本地血缘的杂种商品猪，约占 30% ~ 40%，肉质良好。而优质风味肉猪，约占 10%，其 IMF 含量丰富，肉质优良，前景广阔，经济效益十分可观。目前，我国养猪业正朝着养殖产品多元化、差异化的方向发展，这将有利于解决养殖产品单一对养猪业发展造成的不良影响。我国在 2010 年至 2012 年已经遴选了 56 家国家生长核心育种场，计划在 2016 年前分批完成 100 家国家生长核心育种场的评估遴选，这将推动我国养猪业的可持续发展。

（八）养殖环境可控化、循环利用化

严格控制圈舍温度、湿度、通风和采光，提供清洁、舒适的环境，更好地促进养猪业发展。空气中传播的病原体有细菌、病毒、真菌、霉菌、灰尘、废气等。户外的病原体大约每立方米 100 个，而室内大约会达到每立方米 1 000 000 个。不良空气质量不仅会降低猪的生长速度，而且会增加抗病成本，给养猪生产带来损失。据资料显示，改进空气质量可以使这些损失降低 80%。

粪污处理与循环利用技术是实现我国养猪业可持续发展的重要保障。控制单位耕地生猪存载量（地均猪），实施生态还田模式是控制养猪环境的重要措施；废弃物的循环利用，实现养殖业和种植业的有机结合，保护生态环境，实现猪与自然的和谐，保障养猪业健康发展。目前，各猪场采用的清粪方式有人工干清粪、刮粪板干清粪和液泡粪法，大量数据显示刮粪板干清粪是比较适宜的清粪方式。

中国养猪业的形势比较严峻，但目前的发展势头比较乐观。充分利用现代科技，结合实际情况，寻求促进养猪业发展的方法和途径，实现中国养猪业的可持续发展，逐步成为真正的养猪大国和养猪强国。

第二节 生猪标准化养殖的意义

一、生猪标准化养殖的概念

生猪标准化养殖是在生猪生产经营活动中以市场为导向，依据国际或国家的相关法律、法规，建立完善的工艺流程和衡量标准。生猪标准化养殖是生猪产业的一种先进模式，其主要特点是品种良种化、饲料配方优质化、饲养管理科学化、疫病防治规范化和生产过程标准化，从而达到养猪经济效益和生态效益的最大化。

二、生猪标准化养殖的意义

标准化生产是现代养殖业的重要基础，是提升畜产品和食品质量安全水平、增强市场竞争力的重要保证。通过生猪标准化生产，大力发展无公害生猪及其产品、绿色生猪及其产品、有机生猪及其产品，有利于提高生猪及其产品质量，造就一批有竞争力的市场主体，培育一批名牌生猪及其产品；通过标准化规模养猪场的建设，利用科学的设计和建设以及标准化饲养技术，发挥自然防疫的屏障作用，有利于各项防疫措施的落实、阻断疫情传播途径、提高动物疫病综合防控能力；通过标准化规模养猪场的建设，增加环保设施的投入，完善应有的环保设施，做到达标排放，从而有效解决人畜混居、庭院环境污染等难题。标准化畜禽养殖小区对粪便实行集中无害化处理，可以为种植业提供大量的有机肥源，促进粮食的增值转化，带动种植业的增产增收。

总之，标准化生产是达到高效率、高效益生猪生产的保证，是养猪业安全、生态、优质、高效、可持续发展的基础，是我国生猪产业的发展趋势。

三、生猪标准化养殖的内容

生猪标准化养殖是我国生猪产业发展的必然趋势，农业部从 2010 年开始在全国范围内实施畜禽养殖标准化示范创建活动，以发展标准化规模养殖为主要抓手，推进我国畜牧业转型升级、加快现代畜牧业建设。各地畜牧主管部门在全国畜牧总局的统一部署下，组建养猪创新团队，示范推广生猪标准化养殖技术。生猪标准化养殖的主要内容包括以下几个方面。

（一）品种优良化

我国猪育种历史悠久、品种资源丰富，具有丰富的地方品种、优质的培养品种和引进品种。各地可以因地制宜地选择高产、优质、高效的生猪主导品种及其配套系，保证种猪的品种来源清楚、性能优良、检疫合格。外购种猪必须从具有《企业法人营业执照》、《种畜禽生产经营许可证》、《动物防疫条件合格证》的正规种猪场引种。

（二）养殖设施化

养殖的设施与设备直接影响养猪生产的生产水平和产品质量，现代养猪业对养殖设施与设备的要求越来越高，猪场的选址和布局、栏舍设计和建设、生产设施和设备、防疫设施和设备必须满足标准化生产的需求。栏舍设计规范合理，根据猪场生产性质设计与种猪舍、配种妊娠舍、分娩舍、保育舍、生长育肥舍功能相适应的栏舍，配置饲养、环境控制、生产和防疫设施设备，适应标准化生产，提高生产效益。有条件的猪场建议采用自动饲喂、母猪智能检测系统、B 超检测仪及信息化管理设施等。猪场选址和布局科学合理、符合标准化生产工艺流程的正常运行和卫生防疫要求，有利于养猪场的可持续发展。

（三）日粮全价化

猪场的饲料成本占养猪总生产成本的 65%以上，合理配合日粮是猪场能否获得良好经济效益的重要因素。规模化猪场的饲料来自两种途径：一种是直接从饲料厂购买全价颗粒配合饲料；另一种是购买预混料，自己配制全价配合粉料。从价格方面看，专业饲料厂生产配合饲料具有价格优势，其配方成本比猪场自己配料更低；从质量方面看，专业饲料厂日粮配方设计科学、营养均衡，在配合饲料的产前、产中和产后对饲料的各项指标经过了严格的检验，日粮品质有保障；从加工工艺方面看，专业饲料厂的人员、设备、工艺，都有保障。因此，无论从价格、质量还是加工工艺，规模化猪场应该选择全价颗粒配合饲料，为不同阶段的猪只提供全价、均衡的营养，减少饲料浪费、提高饲料转化效率，有利于发挥猪的生产潜力，获得较大生产效益和经济效益。

（四）生产规范化

管理出效益，猪场的生产效益在很大程度上受制于猪场的生产、制度、人员管理的水平。建立和完善包括员工守则、管理制度和生产技术操作规程的企业规章制度，配备与生产规模相适应的、结构合理的管理和生产人员队伍。严格执行生产技术操作规程，疫病检测和诊疗制度，卫生防疫制度，饲料、饲料添加剂、兽药管理制度，病猪无害化处理制度，粪污处理管理制度，生产过程实现信息化动态管理。

（五）防疫制度化

猪场的疫病防控是预防重大传染病发生和流行的重要保障，疫病防控制度化是养猪生产高效、优质的重要保障。养猪场必须加强猪场的防疫管理、做好猪场的卫生消毒工作、准确诊断和监测疫病、及时处置疫情、指导猪群药物预防和保健方案、实施疫病净化技术，将疫病防控技术制度化，建立完善的防疫设施、健全的防疫制度，实施疫病综合防控措施，对病死猪只实行无害化处理。

（六）粪污无害化

猪场粪污处理及综合利用是养猪业可持续发展的基本条件。猪场应确保粪污收集、处理或综合利用后达到国家规定的排放标准，必须配备粪污收集、堆放与处理的设施和场所，防雨、防渗、防溢流措施。同时，必须配备焚尸炉或化尸池等病死猪无害化处理设施，并对病死猪进行详细登记。

第二章　生猪标准化养殖的环境调控技术

第一节　猪的生物学特性与行为习性

一、猪的生物学特性

猪在长期的选择过程中形成了一些与外界环境相适应、有利于自身生长繁殖的独特的本能、特征和特性，即猪的生物学特性。猪的生物学特性具体表现为以下几个方面：

（一）多胎高产、世代间隔短

猪属于多胎动物，性成熟早、世代间隔短、繁殖能力强。母猪 3～5 月龄就达到性成熟，6～8 月龄就可以初次配种。妊娠期平均 114 d，母猪不到 1 岁便可以生产。一般哺乳期 28～35 d，母猪断奶后 7～10 d 可以发情配种，母猪的繁殖期 149 d。因此，母猪一年可产 2.2～2.5 胎［年产胎数=365/（妊娠期+哺乳期+配种间隔）］，世代间隔可缩短到 1～1.5 年（头胎留种只有 1 年，第二胎留种则为 1.5 年），大大提高了母猪的年生产力。母猪繁殖力强，在正常饲养管理条件下，一个发情期可以排卵 12～20 个，一胎产仔数 10～12 头。我国许多优良地方猪具有很强的繁殖力，具有性成熟早、发情症状明显、产仔数高、母性强、繁殖利用年限长等特点。

（二）生长快、经济早熟

猪的胚胎期和生长期都比较短，但各期的生长速度非常迅速，具有经济早熟性。

胚胎期各系统发育不健全。由于猪的妊娠期短、胚胎数量多，使得胚胎期胎儿的营养供给较少、出生体重小。初生仔猪各系统器官发育不健全，表现出抵抗力低、适应力差、消化力差、体温调节力差的特性。

生长期生长发育迅速。初生仔猪各系统在胚胎期发育严重不足的状态在仔猪出生后得以弥补，生长期仔猪的相对生长速度非常迅速。1 月龄仔猪体重是初生体重的 5 ~ 6 倍；2 月龄仔猪体重是 1 月龄体重的 2.5 ~ 3 倍。到 2 月龄后，仔猪各系统器官基本发育完善，对外界的适应能力迅速提高，基本能适应外界的环境变化和日常的饲养管理条件。

生长期猪的生长发育有序生长。2 月龄至 6 ~ 7 月龄的猪生长发育较快，表现出明显的组织分化生长，并且生长发育速度逐渐降低，脂肪沉积能力逐渐增强。5 ~ 6 月龄可达到屠宰体重（90 kg），经济早熟、经济效益高。正如我国民间所说“小猪长骨、中猪长肉、大猪长膘”，生产中必须根据猪生长的不同阶段的特点，科学合理地饲养管理，适时屠宰上市，方可获得更好的经济效益。

（三）杂食性强、饲料利用率高

猪属于单胃杂食动物，可利用的饲料种类多、饲料来源广泛，猪可以很好地利用动物性和植物性饲料原料，也可以利用各种加工副产品，具有一定的耐粗饲性。猪的饲料利用率高，每增重 1 kg 最低消耗饲料 2.2 kg，生产成本低。应当注意的是，猪缺乏纤维素分解酶，不能很好地利用粗纤维，因此猪的日粮配合中应严格限制粗纤维的含量，以免降低饲料的消化率。生猪育肥猪的饲料粗纤维含量不超过 7% ~ 9%，成年猪的饲料粗纤维含量不超过 10% ~ 12%，集约化养殖更低一些。

（四）对温度和湿度敏感

猪对温、湿度敏感，不同阶段的猪对温度的要求完全不同，表现出小猪怕冷、大猪怕热的特点。小猪温度调节机能不健全，被毛稀少，皮下脂肪少，体表面积大，散热快，使得小猪表现出明显的怕冷特点。而大猪皮下脂肪厚，体热散发困难，使得大猪表现出明显的怕热特点。尤其是高温高湿和低温高湿对猪的生长有很大的影响，日常的管理工作特别强调防寒保暖和防暑降温措施，为不同阶段的猪群创造适宜的环境温度。出生一周内的仔猪，适宜温度在 34 ~ 35℃，之后逐渐降低；大猪的适应温度在 20 ~ 23℃。

（五）嗅觉、听觉灵敏，视觉不发达

猪的嗅觉非常发达。仔猪在出生后几小时就能很好地鉴别不同的气味，母猪利用灵敏的嗅觉识别自己的仔猪，发情母猪利用嗅觉识别公猪的气味而产生“静立反

射”，猪利用嗅觉区别排粪尿和睡卧的地方等。

猪的听觉也非常发达，能很好地鉴别声音的来源、强度、音调和节律，容易对声音刺激形成条件反射。仔猪出生几小时就能对声音产生反应，2 月龄时基本能分辨不同的声音刺激，3～4 月龄时就能迅速分辨不同的声音刺激。生产中常利用猪发达的嗅觉和听觉对猪进行调教，使猪只养成良好的生活习惯，降低劳动强度，提高生产效率。

猪的视觉很不发达，对光线和颜色的分辨力很差。

（六）群体位次明显、爱好清洁

猪属于群居动物，具有较好的合群性，但是猪群有明显的群体位次。生产中不要经常合群、并圈，以免打乱猪群的位次，增加猪只的打斗，影响猪只的生长。

猪爱清洁。利用猪爱清洁的特性，对猪群进行合理调教，可减少圈舍的污染。

二、猪的行为习性

猪对周围环境的各种刺激产生了一定的反应，即猪的行为。根据猪的行为习性，科学饲养管理，是现代养猪业提高养殖生产效益和经济效益的重要途径。猪的行为习性具体表现在以下几个方面：

（一）群居行为

猪具有定居漫游习性，合群性好，具有争斗习性，群体位次明显。猪出生几小时内就有争斗行为。通常同窝仔猪合群性好，不同窝仔猪并圈时争斗激烈。猪群按照来源小群躺卧，1～2 d 就形成明显的群体位次，并和平共处。生产中绝大多数的猪进行群体饲养，但应控制好饲养密度，确保猪只的正常生长。

（二）采食行为

猪的采食行为具有明显的拱土觅食、选择性、竞争性和年龄特征。猪的嗅觉非常发达，具有拱土的习性，在采食时喜欢拱动食槽，造成浪费。猪喜欢采食香甜、酥脆、颗粒和湿料，昼夜可采食，白天采食 6～8 次，比夜间多 1～3 次。猪采食具有竞争性，群饲猪比单独饲喂时采食更多、更快、增重更大。不同年龄的猪采食习性不同，哺乳仔猪随年龄增加吮吸次数逐渐减少，大猪采食数量和次数随体重增加而逐渐增多。猪的饮水量因饲料种类而异，采食干料时，饮水量是干料的 2 倍。生产中应保证猪只昼夜都能采食和饮水，根据不同阶段猪的特点配合饲料，提高饲料的适口性。

（三）排泄行为

猪爱清洁卫生，具有良好的排泄行为，不在采食和睡卧的地点排泄。猪在采食过程中不排粪，在采食前和饱食后都有排泄行为。采食前通常是先排尿后排粪，饱食后通常是先排粪后排尿，夜间一般排泄 1～2 次。猪的采食、休息、排泄在圈舍内三个不同的地点，一旦固定下来基本不变。生产中应加强猪的调教，尤其是刚进圈或并圈的猪，做到定点饲喂、定点排便和定点睡卧，保持圈舍卫生，减少饲料浪费和疾病的发生。

（四）性行为

猪在性成熟后表现出明显的性行为，具体表现出发情、求偶和交配行为。发情母猪主要表现出卧立不安，食欲时高时低，发出特有的哼哼声，爬跨或接受其他母猪的爬跨，主动接近公猪，频频排尿等特征。当饲养人员压其背部时，出现呆立反射。个别母猪对配偶公猪有选择性。公猪兴奋时表现出主动接近母猪，嗅母猪体侧、外阴，拱母猪臀部，发出哼哼声音等。生产中必须加强管理，根据猪的性行为特点，做好发情鉴定和配种工作，可提高母猪的繁殖力。

（五）母性行为

母猪在分娩前后会表现出絮窝、哺乳及抚育仔猪等母性行为。母猪在临近分娩时，会出现用蹄抓地的现象（地面养殖的母猪常用前肢搂草做窝），分娩前 24 h，出现精神不安、频频排尿、磨牙、摇尾、拱地、时起时卧等现象。母猪分娩多在夜间，整个分娩过程保持放乳，尽力亮出乳头，方便仔猪吃乳和避免压伤仔猪。母猪和仔猪之间主要通过嗅觉、听觉刺激相互联系和哺乳。猪的母性行为好，通常能正常产仔，不需要人工接产，护仔性强，具有较高的哺育成活率，尤其是含地方猪血缘的猪种。

（六）嗜睡行为

猪具有嗜睡的特性，大多数时间都在休息。仔猪出生的前 3 d，除吮乳和排泄外，全部处于酣睡状态，随日龄增长，活动逐渐增多、睡眠逐渐减少；哺乳母猪的活动时间和次数随哺乳时间增加而逐渐增多、睡卧时间随哺乳时间增加而逐渐减少；种猪的休息时间占 70%，肥猪的休息时间占 70% ~ 85%。

猪的活动具有明显的昼夜节律，一般活动时间都是在白天，温暖季节夜间也有活动和采食，气温较低时活动时间较短。

（七）探究行为

猪的探究行为主要是对地面的物体，通过看、听、闻、尝、啃、拱等感官进行探究，表现出发达的探究力，尤其是仔猪。仔猪对外界环境具有很强的“好奇心”，通过鼻拱、口咬等方式来探查周围环境中的新东西。猪的觅食行为首先是拱掘，再通过闻、拱、啃之后，才会采食。

（八）争斗行为

猪的争斗行为包括进攻、防御、躲避和守势。猪的争斗行为主要发生在同群或不同群猪之间，为争夺奶头、饲料、地盘以及同群猪内的群体位次结构调整时。仔猪刚出生几小时即开始争夺奶头，通常先出生或体重大的仔猪抢到前面较好的奶头位置，后出生和弱小的仔猪则只能吮吸后面较差位置的奶头，影响其生长发育和猪群的整齐度。饲养密度过大时，猪群的争斗行为明显增加，常出现咬头、咬尾，严重影响猪只的生长，造成饲料浪费，降低体重增长，甚至出现僵猪、个体死亡。因此合群时，应考虑个体大小和强弱进行合理分群，避免强者更强，弱者更弱。

（九）异常行为

猪在环境中受到有害刺激时，可能出现超出正常范围的行为。如果猪只的饲养密度过高，活动受到限制，环境单调，气候异常，以及营养成分缺乏等，则可能导致猪出现咬尾、咬耳或母猪食仔等同类相残，以及啃咬饲槽、水槽和圈栏等异常行为，对生产造成危害或带来经济损失。生产中应加强饲养管理，减少猪的异常行为，防止猪只出现同类相残或对饲养管理器具的破坏行为，确保猪只的正常生产。

第二节　猪对环境条件的要求

环境是猪赖以生存的基础，猪场的环境条件直接影响猪的健康。猪对环境条件的要求主要表现在对大环境和舍内小环境的要求。

一、猪对大环境的要求

（一）保持适宜环境，预防应激反应

适宜的环境条件有利于发挥猪的生产潜力。当环境条件在一定范围内变化时，猪能够通过神经和体液调节适应环境条件变化，这种应对环境变化的反应就是应激。猪舍内小环境和日常饲养管理措施的突然改变都可能引起猪的应激反应，如温度、有害气体、噪声、饲料和营养水平的突然改变，以及断奶、去势、断尾、打耳号、预防注射、转群等。轻微的应激反应对猪的影响很小，甚至能提高其抵抗力，有利于提高生产率，但是强烈和长时间的应激会严重影响猪的健康、降低生产性能。

根据猪的生理特点创造适宜的环境气候条件，稳定猪群的饲养管理规程是预防猪群应激反应的有效措施。不同品种、性别、年龄、生理阶段、营养水平的猪对相同应激源的反应也不同，生产中应根据猪的生理特点创造适宜的环境气候条件，规范猪群的饲养管理规程，减少应激源的刺激。也可以采用药物预防、品种选育、基因检验等，淘汰应激敏感猪，提高猪的抗应激能力，有效防范应激反应。

（二）合理分群，保持适宜的饲养密度

猪具有较好的合群性和争斗性，猪群具有明显的群体位次，猪群的生活空间应满足猪只的正常采食和排泄、休息和运动，减少猪只的打斗，提高日增重和饲料利用率，保证猪群的均衡生长和正常繁殖。分群或转群时，尽量把来源、品种类型、强弱程度、体重大小相近的个体分为一群，避免以强凌弱、以大欺小、相互咬斗而影响猪只的生长。

在圈栏面积一定的条件下，群体规模越大或密度越高，猪群的争斗越严重，猪群的生长越慢；密度过大，猪舍内的小环境越差，环境温度和湿度升高，空气污浊，

发病率增高；导致生长速度和饲料利用率降低。一般肥育猪每圈饲养 10～20 头，以头均占圈面积 0.8～1.0 m^2 为宜。资料显示，头均占圈面积，与 0.5 m^2／头相比，1.0 m^2 和 2.0 m^2 的增重速度分别提高 12.2%和 14.7%，饲料利用率分别提高 9.8%和 11.1%。各类猪适宜的饲养密度见表 2-1。

表 2-1　各类猪适宜的饲养密度

类别	单饲（m^2/头）	群饲（m^2/头）	每栏头数
种公猪	5～6	/	1
哺乳母猪	5～6	/	1
妊娠母猪	1.5～2	/	1
生长猪	/	0.4～0.65	10～25
肥育猪	/	0.85～1.0	10～25

二、猪对舍内小环境的要求

（一）维持适宜的环境温度

猪是恒温动物，猪只通过维持机体的产热和散热的相对平衡来实现体温的相对恒定，环境温度的变化影响着机体的产热和散热。当环境温度在一定范围内变化时，猪只通过物理性调节即可维持体温的相对稳定，该温度范围就是等热区。等热区是最适于猪只生存和生产的环境温度范围，是少用饲料并能得到更多产品的有效措施。猪从出生到出栏对环境温度的要求不同，表现出明显的三个阶段：

出生到断奶阶段：初生仔猪的体温调节能力、适应力和抗病力差，出生第一周的温度是影响初生仔猪成活率的关键因素。第一周的哺乳仔猪的适宜温度是 31～37℃，而母猪的适宜温度是 20℃左右，控制好母猪和仔猪的环境温度，是提高母猪繁殖力的重要保障。

断奶至 6 月龄阶段：仔猪断奶后体温调节能力和适应力都有所提高，断奶仔猪的温度应维持在 30℃左右，转入保育舍后逐渐降低温度，一周后可以降低到 27℃，断奶仔猪阶段维持在 25℃左右，到生长肥育阶段的适宜温度维持在 20℃左右。维持适宜的环境温度，是保持仔猪顺利断奶和正常生长的重要保障。

6 月龄到繁殖阶段：6 月龄后，猪准备开始进入繁殖阶段，这个阶段的适宜温度是 18℃左右。环境温度过高会影响种猪的繁殖性能，公猪性欲和精液品质降低；

母猪胚胎存活率下降，产仔数减少，缺乳和少乳，断奶发情间隔延长等现象，甚至造成繁殖障碍。当环境温度高于28℃时，75 kg的大猪可能出现气喘；高于30 ℃时采食量明显减少、饲料利用率降低；高于35℃而不采用防暑降温措施时，肥育猪可能中暑，妊娠母猪可能流产，公猪的精液品质不良且2~3个月难以恢复，严重影响肥育和繁殖。各类猪群最适宜的生长环境温度见表2-2。

表2-2　各类猪群最适宜的生长环境温度

类　别	适宜温度（℃）	类　别	适宜温度（℃）
新生仔猪	30~32	育肥猪	18~20
哺乳仔猪	28~30	妊娠母猪（分娩前）	18~21
断奶仔猪（30~40 d）	21~22	哺乳母猪（分娩后1~3 d）	24~25
断奶仔猪（40~90 d）	20~21	哺乳母猪（分娩后4~23 d）	20~22

（二）保持适宜的环境湿度

猪舍内的湿度主要受各地区气候条件和舍内通风效果、圈舍条件、排水性能、粪尿处理、饮水方式、饲喂方式以及饲养管理水平等因素的影响，在适宜的温度范围内，湿度对猪的影响较小，但在高温或低温环境下，高湿和低湿环境对猪的体温调节、身体健康和生产性能都会产生不利的影响。

高湿不利于猪只的热平衡调节，高温高湿环境使猪只感到更加炎热，体温升高、引发中暑；低温高湿环境下猪只感到更加寒冷，非蒸发散热增加，机体失热过多，容易受凉、冻伤，甚至死亡。

高温高湿的环境有利于微生物的生长繁殖加快，动物受病源微生物侵害的机会增多，使得猪只更容易爆发多种疫病、皮肤病、中暑性疾病；高温高湿不利于饲料的储藏，容易出现霉变，引起猪只霉菌毒素中毒，侵害猪的免疫和生殖系统。低温高湿的环境条件下，容易诱发腹泻与消化道的传染病、感冒、肺炎等呼吸道疾病以及神经痛、风湿痛和关节炎等疾病。高温低湿环境，舍内尘埃增加，猪只水分过度蒸发，血流量减少，皮肤及外露黏膜对微生物的抵抗力降低，容易诱发肺炎及与呼吸有关的疾病，在有红外线灯加热的保暖箱中，仔猪常发生腹泻脱水而死亡。

在高温高湿环境中，猪只通过减少采食量来维持体温恒定，导致猪只生产性能降低；高温高湿环境下猪只的能耗增加，饲料利用率降低。在低温高湿环境中，猪体散热量增加，能耗增大，导致生产性能下降，饲料利用率降低。

生产中猪舍应保持相对干燥的环境，相对湿度控制在 60%～80%较为适宜，各类猪舍的适宜湿度见表 2-3。

表 2-3　猪舍适宜的相对湿度

猪舍种类	无采暖设备时适宜的相对湿度（%）	有采暖设备时适宜的相对湿度（%）
公猪舍	66～75	61～71
母猪舍	65～75	61～71
幼猪舍	65～75	61～71
肥猪舍	75～80	70～80

（三）保持猪舍的通风

舍内的空气流动称为风或气流。猪舍应保持合理的通风，以改善舍内空气质量、排除舍内有害气体和水蒸气、调节舍内温度和湿度。

猪舍通风不良会诱发呼吸道疾病、降低食欲、影响生产力；通风过度会使舍内温度急剧下降，造成应激；尤其是冬春季节，风邪侵袭常引发疾病，大风天气易传播病毒和细菌，导致猪的抵抗力下降，引发猪群的呼吸道疾病和口蹄疫的爆发。

通风直接影响猪的体温调节。在夏季，气流有利于蒸发散热和对流散热，降低温度和湿度，对猪体健康和生产力具有良好的作用。在冬季，气流显著增强了肌体散热，加重了寒冷对猪的威胁，同时增加能量消耗，使生产力下降。因此，应通过合理设计猪舍和安装相应设施来调节风速，有效改善空气质量。猪舍内气流速度以 0.1～0.2 m/s 为宜。寒冷季节，小猪舍的风速控制在 0.15 m/s 以下，大猪舍的风速控制在 0.2 m/s 以下。各类猪舍理想通风量见表 2-4。

表 2-4　猪舍理想通风量 [m^3/（h.只）]

	体重（kg）	冬季（<10℃）	春秋季（10～25℃）	夏季（>25℃）
离乳猪	8～14	3.4	17	43
保育猪	14～34	5	51	60
生长猪	34～68	12	41	128
肥育猪	68～100	17	60	204
妊娠猪	>100	20	68	255
泌乳母猪	180	34	136	850
种公猪	180	24	85	510

（四）降低猪舍内的有害气体、总悬浮物（TSP）和微生物的含量

猪舍内的空气质量直接影响猪只的健康和生产性能，猪舍要求降低有害气体和总悬浮物的含量，保持舍内空气清新，以利于猪只的健康生长。

1. 有害气体

猪舍内的有害气体主要由舍内的粪尿、垫草、饲料和污水分解产生的无色有刺激性臭味的氨、硫化氢以及机体代谢产生的二氧化碳和生火炉产生的一氧化碳等气体组成，氨气主要聚集在接近地面的区域，对人畜黏膜和结膜的刺激很大，严重影响猪只的生长，高浓度可引起神经系统麻痹、中毒性肝病、心肌损伤，甚至死亡；高浓度的硫化氢可抑制呼吸中枢，导致猪只窒息死亡；二氧化碳浓度过高可影响猪只采食量，增重降低，导致抵抗力下降和感染慢性传染病；一氧化碳可引发呼吸、循环和神经系统的病变，导致猪只中毒，轻者精神沉郁、重者死亡。因此，生产中应加强饲养管理，及时清除粪尿、垫草，保持圈舍干燥卫生，注意通风换气，降低有害气体的含量。一般要求猪舍内氨气含量不高于 20 ~ 30 mL/m^3，如果超过 100 mL/m^3，猪的日增重将减少 10%，饲料利用率降低 18%；如果超过 400 ~ 500 mL/m^3，会引起黏膜出血，发生结膜炎、呼吸道疾病、神经系统麻痹，甚至死亡。舍内硫化氢不高于 10 mL/m^3，如果超过 550 mL/m^3，可以直接抑制呼吸中枢，窒息死亡。妊娠后期母猪、哺乳母猪、哺乳仔猪和断奶仔猪舍一氧化碳不高于 5 mg/m^3，种公猪、空怀和妊娠前期母猪、育成猪舍一氧化碳不高于 15 mg/m^3，育肥猪舍不高于 20 mg/m^3。

2. 总悬浮物和微生物

空气中的固体尘粒统称总悬浮物（TSP）。猪舍内空气中的尘土、皮屑、饲料、垫草、粪便和粉粒等都是微生物的载体。舍内通风不良或阳光不足时，更能促进病源微生物的繁殖，从而加剧了对猪只的不良影响。尘粒附着于体表，会刺激皮肤、堵塞皮脂腺，引起皮肤干燥、发炎；尘粒落入眼睛，可引起结膜炎和其他眼病；尘粒被吸入呼吸道，可引起呼吸道疾病。

生产中常通过正确选择场址、合理设计圈舍、加强猪场绿化、规范饲养管理、强化生物安全体系、健全防疫制度等综合措施减少舍内总悬浮物和微生物，保障猪只的正常生长。一般要求严格控制猪舍内总悬浮物 TSP 含量：场区不高于 2 mg/m^3，生长猪舍不高于 3.0 mg/m^3；哺乳母猪和哺乳仔猪舍不高于 1.0 mg/m^3，其他猪舍不高于 1.5 mg/m^3。

（五）保持适宜的光照

光照对猪体的影响广泛而深刻。光照强度和时间对猪的健康、生长发育和生产力有一定影响，对猪的生物节律和行为习性具有一定的调节作用。同时，也影响到工作人员的生产操作。

适宜的光照可将辐射能转变为热能，促进血液循环，增强机体组织代谢，增强机体的抗病力；过度的光照可造成皮肤损伤，影响机体热调节，引发日射病，损伤眼睛。

光照对仔猪的影响最显著。适宜的光照时间和强度可使仔猪吮乳次数明显增多，窝仔数、个体重和 21 天窝重显著提高；延长光照时间有利于增强合成代谢，改善机体免疫机能，降低仔猪的发病率和死亡率，提高仔猪的存活率和日增窝重。光照对肥育猪无显著影响，但适当提高光照强度有利于猪只健康，可提高猪只抵抗力和生长速度。同时，光照也增加了猪只的活动时间，过高的光照强度会刺激猪只甲状腺分泌，加速体内组织氧化分解，使体重下降（见表 2-5）。

表 2-5　光照强度对猪日增重的影响

光照强度（lx）	5	40	50	120
日增重（g）	416	441	434	374
日增重相对（%）	94.3	100	98.4	84.8

光照明显影响种猪的繁殖性能。光照时间延长有利于提早性成熟，提高受胎率，增加产仔数；增加光照强度有利于提高母猪的产仔数、初生窝重、断奶窝重以及公猪的性欲和精液品质。

适宜的光照强度和时间有利于提高猪只的生产性能。猪舍设计时通过人工照明设计保证猪舍的照度和均匀度。生长肥育猪的光照强度 40 ~ 50 lx，时间 8 ~ 10 h/d；后备猪的光照强度 60 ~ 100 lx；时间 12 h/d 以上；母猪的光照强度 60 ~ 100 lx，时间 12 ~ 17 h/d；公猪的光照强度 100 ~ 150 lx，时间 8 ~ 10 h/d。

（六）降低噪声

噪声是猪的应激源，猪对噪声的应激反应主要表现出食欲不振、呼吸和心跳加速、惊慌、狂奔等，常导致猪体受伤、设备受损，妊娠母猪流产。在场址选择时，应远离交通要道、工业区和居住区，选择性能优良、噪声小的加工设备，尽量避免出现强烈的噪声，以减少猪的应激反应，保证猪的正常生长。

第三节　标准化猪场的环境调控

由于集约化程度高、粪污量大、猪群对环境的要求高，标准化猪场应特别注意加强环境调控。通过不同类型的猪舍以克服自然气候因素的不良影响，建立有利于猪只生存和生产环境的设施。根据猪的生物学特性和行为习性，猪舍内的小气候调节必须进行综合考虑，以创造一个有利于猪群生长发育的环境条件。猪舍环境调控依靠外围护结构不同程度地与外界隔绝，形成舍内小气候。采取有效的供暖、降温、通风、换气、采光、排水、防潮等措施，以建立满足猪只生理需要和行为习性的条件，为猪只创造适宜的生活环境。而猪场周围的环境卫生、粪污处理，尤其是猪场的生物安全体系直接影响到猪只的生存和生长。标准化猪场的环境调控主要包括猪场大环境和猪舍小环境的调控。

一、猪场大环境调控

标准化猪场必须严格按照 NY/T 388—1999《畜禽场环境质量标准》对猪场环境进行监控。保证猪场环境卫生、粪污处理及生物安全。

（一）保证猪场环境卫生

猪场的环境卫生包括猪舍外环境卫生和猪舍内环境卫生。

1. 猪舍外环境卫生

猪舍外环境卫生包括绿化带建立、清洁卫生和粪污清理。在猪场规划建造时，应在猪场周围、场区空闲地区植树种草（包括蔬菜、果园、花草和灌木等），在道路两侧种植行道树，猪舍之间种植水杉、白杨树等速生、高大的落叶乔木，有条件的猪场可以在猪场外围种植 5 ~ 10 m 宽的防风林。植树种草可以发挥防风、降尘降噪、防疫隔离、防暑降温的作用，还能有效地净化空气、美化环境。

猪场需每天清扫场区，保持猪场环境清洁卫生，彻底清理生产区的杂草、垃圾和杂物。每天及时清理猪场内的粪尿和污水，保持猪舍外排粪沟通畅、干净、规范和整洁，防止粪便堆积太久引发呼吸道疾病，达到猪场的卫生防疫要求。

2. 猪舍内环境卫生

猪舍内环境卫生是猪只生存的直接环境，每天必须保持猪舍内的清洁卫生，消除异味，避免蚊蝇滋生，提供适宜的温度、湿度，保持舍内空气质量，保证清洁饮水供应。

猪场每天必须清扫圈舍，及时清除舍内生产垃圾，打扫清除粪便，尽可能做到粪尿分离。清扫后进行必要的清洗，保持舍内干燥清洁。定期对圈舍进行彻底打扫、清洗和消毒，并保持圈舍温暖、干燥和空气新鲜。

（二）猪场粪污处理

规模化猪场每天产生大量粪便，猪场的粪污处理直接影响猪只健康和居民正常生活。每天产生的粪尿、污水和恶臭形成对猪场及周围土壤、水体和空气的污染源，如果得不到及时有效的处理，随意堆放，甚至排放到周围农田、池塘、江河，则会污染环境，危害人类、农作物、鱼、虾等健康和生存。及时有效处理猪场粪污是猪场环境控制的重要内容，猪场粪污处理主要包括粪污清理和处理两个环节。

1. 粪污清理

猪场每天产生大量的粪尿必须及时清理，防止长时间堆积产生更多有害物质，危害猪只和工作人员的健康，引发呼吸道疾病。我国规模化猪场目前的主要清粪工艺包括水冲式、水泡式（自流式）和干清粪式三种。干清粪式是规模化猪场倡导的清粪工艺，人工捡粪或粪尿自动分离后集中堆放，尽量不要用水冲洗猪舍，以减少用水量、污水排放量和粪污处理量，有利于实现粪污资源再利用。目前，我国猪场仍然普遍采用水冲式和水泡式清粪工艺，每天产生大量粪污需要处理。

2. 粪污处理

猪场粪污处理包括干粪和污水的处理。

（1）干粪处理：采用干清粪的猪场，捡出的干粪可以作为有机肥料或饵料直接出售；也可以经生物发酵或者添加微量元素、菜粕等制作成生物复合有机肥；还可以制作成燃料供热发电。采用水冲或水泡式清粪的猪场，可以采用固液分离的方法将大量粪污进行分离，分别处理粪渣和粪水。粪渣可以作为有机肥利用，但是肥力有所降低，并且耗能；而粪水则进入沼气池进行发酵处理（详细内容参考本书第八章相关内容）。

（2）污水处理：污水来自于猪场每天产生的大量猪粪尿、生产用水和生活用污水，采用水冲式清粪工艺的猪场产生大量含有猪粪尿的污水，构成了重要的污染源。

目前，规模化猪场主要采用固液分离方法对粪渣和粪水进行分离。每天大量的粪水排入沼气池，进行发酵处理，既可以降低污染物，又可以利用沼气进行生产和生活供能。但是，由于污水量太大，许多猪场排放出的沼液污染物仍然达不到排放标准。

合理规划设计猪场生产规模、生产模式和猪舍建筑，采用粪污处理综合利用技术，是猪场环境控制的重要保障。各猪场可以根据具体情况，采用干湿分离、发酵处理或生态处理等粪污处理措施对粪污进行有效处理，有利用猪场环境卫生，还能够实现废物再利用（详细内容参考本书第八章相关内容）。

（三）猪场生物安全

随着猪场集约化程度和疫病防控对养猪生产的影响程度的提高，规模化猪场越来越重视猪场的生物安全工作。保持猪场环境卫生、综合处理猪场粪污是规模化猪场环境控制的基础，保证猪场生物安全、建立猪场生物安全体系是规模化猪场环境控制的重要内容。加强猪场隔离、消毒、防疫、驱虫、灭害和生物安全体系的建立和监控也是规模化猪场环境调控的重要措施（详细内容见本书第七章相应内容）。

二、猪舍小环境调控

标准化猪场的生猪完全在舍内饲养，舍内的环境质量直接影响生猪的健康和生产性能，猪舍小环境的调控更加重要。生产中必须针对各地的气候条件和猪群对环境的要求特点，合理设计猪舍，采取有效的环境控制措施，对猪舍内的温度、湿度、光照和空气质量进行科学调控，创造适宜的舍内小气候，保证猪群的正常生长，提高猪场生产效益和经济效益。

（一）控制舍内温度

根据猪的生物学特性，小猪怕冷、大猪怕热，猪群都怕潮湿，并需要洁净的空气和一定的光照，猪舍内温度调控的重点是冬季防寒保暖和夏季防暑降温。猪舍的环境温度控制应当从建筑设计、材料选择、生产管理各方面考虑防寒保暖和防暑降温，通过环境温度控制，降低生产成本，提高经济效益。

1. 防寒保暖措施

防寒是指利用畜舍良好的保温隔热性能将猪舍内的温度始终保持在适宜猪只的水平。保暖是指在寒冷的季节，通过猪舍将猪体产生的热和用热源（暖气、红外线灯、远红外线取暖器电热板等）发散的热保存下来，防止向舍外散失，从而形成温暖的环境。科学的建筑设计是猪舍防寒保暖的重要措施。选择适宜的猪舍建筑形式、确定猪舍的朝向、科学设计猪舍建筑、选择适当的建筑材料，有利于提高猪舍的防寒保暖效果。根据猪群的生理特点和各地气候条件，采用局部供暖或集中供暖的人工供暖方式是冬季防寒保暖的重要保障（详细内容参考本书第三章相关内容）。

2. 防暑降温措施

防暑的重要措施是隔热降温。隔热就是在炎热的季节，通过猪舍和其他设施（凉棚、遮阳、保温层等）隔断太阳辐射热传入舍内，防止舍内的气温升高，形成较凉爽的环境。降温是指利用建筑规划、设计和设备降低猪舍内温度。猪舍设计首先应注意隔热设计，尽量减少舍外热量的传入，选用隔热保温材料，在猪舍周围增加防暑降温设施，做好环境绿化，都能有效地控制猪舍环境温度。根据不同猪群的生理特点和各地气候特点，采取通风降温、冷水降温、蒸发降温、空调降温等人工降温措施。

3. 猪群管理措施

猪舍的温度调控除了受到猪舍设计、防寒保暖和防暑降温措施的影响外，在日常饲养管理中根据猪群的生理特点和气候特点采用控制饲养密度、合理调整饲养管理技术，保持猪舍内适宜的环境温度（详细内容参考本书第五章相关内容）。

（二）控制舍内湿度

一般猪舍的湿度控制在 40% ~ 80%。在最适温度范围内，湿度对猪只的健康、生长、发育和生产活动没有太大的影响。在临界温度外，湿度对猪只生存和生产活动会产生不良影响。生产中猪舍内湿度控制的关键是防止湿度过高，降低舍内湿度。控制舍内湿度的关键措施是减少猪舍内水的来源，采用漏缝地板或半漏缝地板，减少水洗作业，保持地面平整、避免积水。同时，设置通风设备，加强通风换气，以降低猪舍内湿度。但是，环境湿度过低，导致舍内尘埃增加、水分蒸发过多，也不利于猪群生长。加强猪舍环境控制、维持舍内适宜湿度、保持猪舍适宜的温度和湿度有利于猪群正常生长（详细内容参考本书第三章相关内容）。

（三）控制舍内通风

根据《规模化猪场环境参数及环境管理》国家标准（GB/T 17824.3—2008）规定的不同猪舍的通风换气参数，合理设计猪舍类型、朝向、门窗，安装相应的通风换气设施，可有效调节猪舍内的风速，还能够有效调节舍内温湿度、改善空气质量。

夏天应采用自然通风和机械通风设施加强空气流通，以加速猪体散热，保持猪舍内空气质量。同时，有效调节舍内温度和湿度，保持舍内空气新鲜、温度和湿度适宜。冬天在寒冷的气温条件下，密闭式猪舍也应保持相当的气流，但是应注意控制通风时间和风速，防止贼风侵害，尤其是小猪舍。

1. 自然通风

自然通风是靠舍外刮风和舍内外的温差实现的。风从迎风面的门、窗户或洞口进入舍内，从背风面和两侧墙的门、窗户或洞口穿过，即利用“风压通风”。舍内气温高于舍外，舍外冷空气从猪舍下部的窗户、通风口和墙壁缝隙进入舍内，而舍内的热空气从猪舍上部的屋面经自然通风器、通风窗、窗户、洞口和缝隙压出舍外为“热压通风”。舍外有风时，热压和风压共同发挥通风作用；舍外无风时，仅热压发挥通风作用。自然通风不需要任何机械设备，是最经济的一种通风方式。比较适合于温暖地区的开放式、半开放式或有窗式猪舍，并且猪舍建筑跨度不宜太大，一般控制在 9 m 以下。而在炎热地区或密闭式猪舍，自然通风则不能保证猪舍内的通风效果，需要借助机械通风设备满足猪舍的通风换气要求。

2. 机械通风

在炎热地区、大跨度猪舍和密闭式猪舍必须采取机械通风，对猪舍内外强制进行通风换气，以保证通风效果。机械通风的主要设备是风机，通常猪舍选用轴流式风机。机械通风根据猪舍内气压变化或气流的流动方向不同，可分为正压通风、负压通风和联合通风，以及横向通风、纵向通风、斜向通风和垂直通风两大类。

正压通风可以对送入的空气进行加热、冷却和过滤处理，有效地保证猪舍内使用的温度、湿度和空气新鲜度，非常适合于寒冷和炎热地区。但是，这种通风方式复杂，容易在舍内形成通风死角，造价高，管理费用大。负压通风换气效果好，施工方便，成本低，风机便于维修，舍内空气分布均匀，大多数猪舍采用负压通风。联合通风有助于通风降温，应用范围较广，在寒冷和炎热地区均可采用，特别适合于大型猪场、密闭式猪舍。

（四）控制舍内有害气体

规模化猪场由于饲养的密度大，猪舍的容积相对较小而密闭，猪舍内蓄积了大量二氧化碳、氨、硫化氢和尘埃，猪场应采用综合措施控制猪舍内有害气体。

1. 控制饲养密度

规模化猪场的集约化饲养导致猪舍内蓄积了大量有害气体，合理控制饲养密度是减少猪舍内有害气体的基本措施。猪群的饲养密度：35 ~ 50 kg 的猪，0.45 m^2/头；51 ~ 90 kg 的猪，0.8 m^2/头。

2. 保持通风换气

减少猪舍内有害气体浓度的重要措施是保持适宜的通风换气，排出猪舍内有害气体，使舍内的温度、湿度及空气的化学组成均匀一致。

3. 保持舍内卫生

做好猪舍内的卫生管理，加强猪只调教，养成良好排泄的习惯，及时清除粪便、污水，不让它在猪舍内腐败分解，是减少有害气体产生的根本。此外，保持适度干燥的环境是减少有害气体产生的主要措施。当严寒季节保温与通风发生矛盾时，可向猪舍内定时喷雾过氧化物类的消毒剂，氧化空气中的硫化氢和氨，起到杀菌、除臭、降尘、净化空气的作用。

（五）控制舍内光照

光照能促进猪的新陈代谢，加速骨骼生长，活化和增强免疫机能。适宜的光照无论是对猪只生理机能的调节，还是对工作人员进行生产操作都很重要。猪舍内光照按照光源分为自然光照和人工照明。

1. 自然光照控制

生产中，开放式、半开放式及有窗的猪舍多采用自然光照，可以节约能源。但是，光照强度和时间具有明显的季节性，每天的光照不断变化，猪舍内照度也不均匀，特别是跨度较大的猪舍，更难以控制。采用自然光照为主的猪舍，在设计建造猪舍时，根据《规模猪场环境参数及环境管理》国家标准（GB/T 17824.3—2008）规定的不同猪舍的采光参数，结合猪舍的类型、朝向、舍内设施和布局等因素确定窗口的位置、面积、数量、形状。在猪舍建筑上要根据不同类型猪的要求，给予不同的光照面积，同时要注意减少冬季和夜间的过度散热和避免夏季阳光直射猪舍。当自然光照不足时，必须采用人工照明进行补充，以保证猪群的正常生长和工作人员的正常操作（详细内容参考本书第三章相关内容）。

2. 人工照明控制

当自然光照不能满足猪舍内的照度要求时，以及在密闭式猪舍中，则需采用人工照明。人工照明的强度和时间，可以根据猪群要求进行控制。根据《规模猪场环境参数及环境管理》国家标准（GB/T 17824.3—2008）规定的不同猪舍的采光参数，设计不同猪舍的人工照明，采用节能灯，保持猪舍光照均匀，按照灯间距 3 m，灯高 2.1 ~ 2.4 m，每灯光照面积 9 ~ 12 m^2 设置（详细内容参考本书第三章相关内容）。

（六）控制生物侵害

控制生物侵害、加强生物安全是猪场生产的重要保障（详细内容见本书第七章相应内容）。

第三章　标准化猪场的设计与建设

第一节　标准化猪场的选址

猪场场址选择应根据猪场的生产性质、生产规模、饲养管理方式、集约化程度等具体情况，结合地形、地势、水源、土壤、气候条件、饲料及电力供应、交通运输、产品销售，与周围工厂、居民点及其他畜禽场的距离，对当地农业生产、猪场粪污消纳能力等条件进行全面调查后，综合分析后再做出决定。猪场选址应严格执行《规模猪场建设》（GB/T 17824.1—2008）这一标准，正确选择场址并进行合理的建筑规划和布局，既方便生产管理，又为严格执行防疫制度打下良好的基础，直接影响猪群生产性能和经济效益。

一、符合环保和生物安全要求

猪场选址的首要条件是符合环保和生物安全要求。猪场选址时应充分考虑新建猪场的规模、生产模式和粪污处理对周边环境的影响，以及周边环境发展可能对猪场造成的影响，保证猪场的持续、稳定发展。猪场不要一味追求养殖规模，根据具体情况选择合适的养殖模式，保证粪污处理达到环保要求。

猪场选址应在符合国家、地方政府的区划和环保要求的规定，在法律、法规明文规定的禁养区以外考虑选址建场，根据不同猪场的生产模式，场区周围应该预留配套面积的农田、果园等区域消纳猪场的粪污或循环利用，或者配备粪污储存、处理和利用的相应设施，确保猪场粪污的合理储存、处理，确保不会对周边村镇、河流、农田和大气等造成影响。同时，周围环境也不会对猪场生物安全产生不利影响。猪场应建立在城镇居民常年主导风向的下风或侧风处，选择依山傍水，具有天然隔离屏障的区域，周围 3 km 范围内没有大型化工厂、屠宰场、肉品加工厂及其他畜牧场等污染源，距离居民区或主干线道路 1 km 以上。根据国家规定，猪场场址选择必须经过环境保护、土地资源管理以及畜牧主管部门联合做出“畜禽养殖环境影响评价”，并在一定范围内向区域范围民众进行公众调查和公示认可。

二、选择合理

猪场应选择地势高燥、通风良好、交通便利、水电供应稳定、隔离条件良好、有利于防疫、无生物安全危害的非疫区。具体选址时重点注意以下几个方面。

（一）地形开阔、地势高燥

地形指场地的形状、大小和地物（场地上的房屋、树木、河流、沟坎等）情况。地势是指场地的高低、走向趋势。

猪场要求地形整齐开阔，地势较高、干燥、平坦或有缓坡，背风向阳，地下水位低，无洪涝威胁，地势北高南低，坡度 25º 以下，场址坐北朝南，偏东南 12º ~ 15º。地形整齐，有利于猪场建筑、各种设施的布置和有效利用场地。开阔的地形有利于猪场的运输和管理；狭长的地形不仅有碍于生产布局和管理，还增加了卫生防疫和环境保护方面的难度。

猪场要求地势高燥，利于污水和雨水的排放，可相对减少了排水设施的投资。地势低洼的场地易积水潮湿，夏季通风不良，空气闷热，易滋生蚊蝇和微生物；冬季则阴冷。有缓坡的场地便于排水，坡度不宜大于 25º，以免造成场内运输不便。场地至少要高出当地历史洪水线，地下水要距地表 2 m 以下。

选择坡地建场有利于粪尿排出和防御安全，但是要控制好坡度，避开风口，选择向阳的缓坡。切忌在山顶、谷地、风口或阴坡建场。

（二）土壤透气好、易渗水

土壤的膨胀性、承压能力主要影响猪场建筑物的利用期限，而土壤中可能存在的病原性微生物会危害猪群健康。因此，猪场应选择较为坚实的土质，以利于承受建筑物的重量。猪场要求土壤的通透性好，导热性小，且未被传染病和寄生虫等病原体污染过。避免在旧猪场场址或其他畜禽养殖场场址上重建或改建。砂土透气、透水性好，作用好，不潮湿不泥泞，自净作用好，但导热性强、热容量小。黏土与砂土相反，不适合选用。砂壤土和壤土介于砂土和黏土之间，砂壤土透气性好、容易渗水、热容量大，有利于抑制微生物，减少寄生虫和蚊蝇的滋生，并降低场区的昼夜温差，是建筑猪场最理想的土壤类型。

（三）交通便利、防疫安全

规模化猪场面临繁重的饲料、产品、废弃物和其他生产物资的运输任务，要求有较好的交通条件，但考虑生物安全因素又不可靠近主要交通干道。猪场选址既要保证交通便利，又要考虑防疫安全和环境保护问题。

猪场场址距铁道和国道不少于 2～3 km，距省道不少于 2 km，距县乡和村道不少于 0.5～1 km，距居民点不少于 1 km，距其他养殖场不少于 1～2 km。猪场应通过专用道路与公路相连，避免噪声和病原微生物的污染。采用防疫沟、隔离林或围墙等屏障与周围环境隔离，可以适当减少猪场与周围的间距。

（四）水源充沛、水质良好、使用方便

猪场水源要求水量充足，水质良好，符合卫生要求，便于取用和卫生防护、易于净化和消毒。水源水量必须满足场内生活用水、猪群饮用、饲养管理用水、绿化和防火等要求。表 3-1 为各类猪每头每天的总需水量与饮用量，供选择水源时参考。

表 3-1　猪群每日用水量　　L

类别	总需水量	饮用量
种公猪	40	10
空怀及妊娠母猪	40	12
泌乳母猪	75	20
断奶仔猪	5	2
生长猪	15	6
育肥猪	25	6

饮水品质不仅对猪只生长发育和繁殖活动有重要作用，而且直接影响产品质量和食品安全。饮用水必须符合《畜禽场饮用水标准》（NY5027—2008）的相关规定。通常饮水品质涉及三大指标：感官性状及一般化学指标、细菌学指标、毒理学指标。建设猪场前必须进行抽样检查和定期抽样控制，确保水质符合饮用标准，避免水质污染（见表 3-2）。

表 3-2　猪群饮用水水质标准

项目		标准值
感官性状及一般化学指标	色	≤30°
	浑浊度	≤20°
	臭和味	不得有异臭、异味
	总硬度（以 $CaCO_3$ 计，mg/L）	≤1 500
	pH	5.5～9.0
	溶解性总固体（mg/L）	≤4 000
	硫酸盐（以 SO_4^{2-} 计，mg/L）	≤500
细菌学指标	总大肠菌群（MPN/100 mL）	成年猪 100，小猪 10
毒理学指标	氟化物（以 F^- 计，mg/L）	≤2.00
	氰化物（mg/L）	≤0.20
	砷（mg/L）	≤0.20
	汞（mg/L）	≤0.01
	铅（mg/L）	≤0.10
	铬（六价，mg/L）	≤0.10
	镉（mg/L）	≤0.05
	硝酸盐（以 N 计，mg/L）	≤10.0

（五）电力稳定、网络通畅

规模化猪场的现代化程度较高，猪场的正常生产都离不开较为完善的机电设备和发达的通讯、网络信息技术。选址建场时应选择距离电源近、供电稳定的地方建场，以保证猪场电力供应稳定和猪场生产的正常运行。猪场可根据生产规模、生产模式和自动化程度考虑猪场的电力容量配备，最好按照猪场规模大小配备发电机，以备停电、限电等需求。现代猪场生产、管理的正常运行和人员生活都离不开发达的通讯、网络信息系统，猪场应在通讯、网络信息通畅的地方选址建场。

第二节　标准化猪场的规划布局

猪场场址选定后，应根据有利于防疫、改善小气候、方便饲养管理、节约用地的原则考虑猪场的总体规划和建筑物的合理布局，按照《规模猪场建设》（GB/T 17824.1—2008）执行。根据猪场的近期和远期规划，充分考虑当地气候、风向、水源、地形地势、猪场建筑物和设施的大小，合理规划全场的道路、排水系统、场区绿化等，安排各功能区的位置及每种建筑物和设施的位置和朝向。建筑物布局原则遵循整齐紧凑、合理利用土地、运输距离短、便于经营、利于生产。并根据猪场的经营模式、生产模式、饲养工艺、设备、资金实力和管理水平等综合考虑。

一、猪场总体规划

（一）场地规划

猪场的场地按功能划分为生活区、管理区、生产区、隔离区四部分。为便于防疫和安全生产，应根据当地全年主导风向与地势，有秩序地安排以上各功能区，从上风向到下风向依次安排形成生活区→管理区→生产区→隔离区（见图 3-1）。猪场四周设置围墙，生活区、管理区与生产区之间用围墙隔离，生产区内根据生产模式和饲养工艺合理规划各个区域并采用绿化带隔离，场区设置专用通道和消毒设施，隔离区必须在场区的下风向，可以有效保障猪场生物安全。

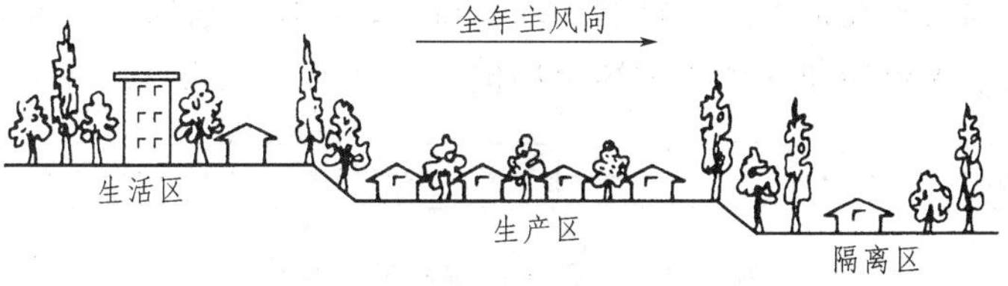

图 3-1　猪场各区依地势、风向规划图

（二）场内道路与场内的防护设施规划

猪场的道路应当设置南北主干道，东西两侧设置边道。场内道路应分设净道和污道，两者互不交叉。净道用于运送饲料、产品等；污道则专运粪污、病猪、死猪等。场内道路要求防水防滑，生产区不宜设置直通场外的道路，而生产管理区和隔离区应分别设置通向场外的道路，以利于卫生防疫。

场区排水设施是为了排除雨水和雪水。一般可在道路一侧或两侧设明沟排水，也可设暗沟排水。场区排水管道不宜与舍内排水系统的管道通用，以防杂物堵塞管道影响舍内排污，并防止雨季污水池满溢，污染周围环境。

场界要划分明确，四周应修建较高的围墙或坚固的防疫沟，防止场外人员和其他动物进入场区，在防疫沟内放水，可有效地切断外界的污染来源。在场内各区域间，也应设较小的防疫沟或围墙，亦可栽植隔离林带。在猪场大门及各区域和各排猪舍入口处，应设消毒设施，如车辆消毒池、脚踏消毒槽、喷雾消毒室，更衣换鞋间装设紫外线灯。

（三）场区绿化规划

猪场绿化应考虑到适合当地四季常青、调节小气候环境条件的要求，植树、种草宜选择观赏性、灌木树种或高大的落叶乔木，防止夏季阻碍通风和冬季遮挡阳光。避免栽种糖度大的果树，以免影响防疫和场区内的环境卫生。场区绿化可按冬季主导风向的上风向设防风林，在猪场周围设隔离林，猪舍之间、道路两旁进行遮阴绿化，场区裸露地面上可种花草或经济作物。

（四）猪舍总体规划

规模化猪场的生产特点是“全进全出”的流水作业模式，猪舍的总体规划依据不同的生产模式和饲养管理工艺而异。首先，根据生产工艺确定猪栏和猪舍的数量，按照工艺流程确定各类猪舍及道路的布局。目前，规模化猪场主要采取一点式猪场布局、两点式猪场布局和三点式猪场布局模式（见图 3-2、3-3、3-4）。

图 3-2　一点式猪场布局模式图

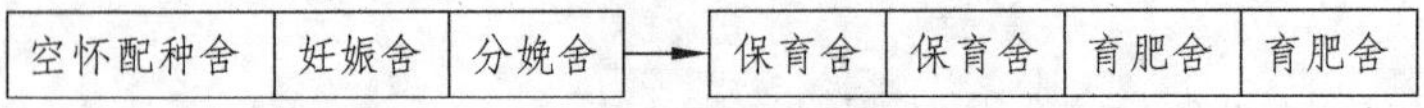

图 3-3　两点式猪场布局模式图

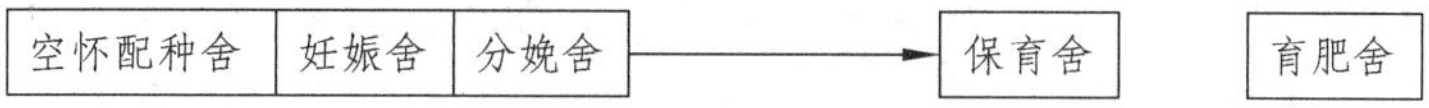

图 3-4　三点式猪场布局模式图

二、猪场建筑物布局

猪场建筑物的布局在于正确安排各种建筑物的位置、朝向、间距。布局时需考虑各建筑物间的功能关系、卫生防疫、通风、采光、防火、用地等因素，合理安排。生活区和生产管理区与场外联系密切，宜设在猪场大门附近；生产区的布局因生产模式而异，应方便生产和经营管理，有利于卫生防疫；隔离区是猪场防疫的重点，应设在整个猪场的下风或偏风方向、地势低处，并远离生产区。

（一）生活区建筑物布局

生活区包括职工宿舍、食堂、文化娱乐室、运动场及其他用房，此区应设在猪场生产区大门外面，独成一院。为保证良好的卫生条件，避免生产区臭气、尘埃和污水的污染，生活区应设在生产区的上风向或偏风方向和地势较高的地方，接近主干道，便于与外界联系。

（二）管理区建筑物布局

管理区包括办公室、会议室、接待室、饲料加工调配车间、饲料储存库、水电供应设施、修理车间、车库、杂品库、消毒池、更衣室、淋浴室和消毒间等，该区与饲养工作关系密切，宜靠近生产区。值班室、更衣室、淋浴间、消毒室和消毒池设置在猪场大门一侧，生产人员由专门通道，经更衣、淋浴、消毒后方可入生产区；工具、车辆必须经过冲洗、消毒后方能进入生产区；饲料加工调配车间和饲料库相邻，饲料库应靠近进场道路处，并在外侧墙上设卸料窗，场外运料车辆不进入生产区，饲料由卸料窗入饲料库；猪场最好在猪场最高处设置与水源条件相适应的水塔，以保证猪场的清洁饮水及正常供给。

（三）生产区建筑物布局

生产区是猪场的主体部分，包括各类猪舍、仓库、饲料准备库、人工授精室及消毒室（更衣、淋浴、消毒）、消毒池、赶猪跑道、出猪台、称猪台等生产设施，是猪场的最主要区域，为了防疫卫生，生产区必须是独立和封闭的。所有人员、物资、车辆进入生产区必须经过严格的消毒或隔离观察，以保障猪场生物安全。生产区严禁外来车辆进入，也禁止生产区车辆外出。大型规模化猪场多采用自动饲喂系统，小型猪场未安装自动饲喂系统，各猪舍需由料库内门领料，用场内小车运送。在靠围墙处设装猪台，禁止外来车辆进入猪场。

（四）隔离区建筑物布局

隔离区包括新购入种猪的饲养观察室、兽医室和隔离猪舍、尸体剖检和处理设施、积肥场及储存设施等，是卫生防疫和环境保护的重点。该区应设在整个猪场的下风或偏风方向、地势低处，并远离生产区至少 100 m 以上，以避免疫病传播和环境污染。

三、猪场总体布局

从猪场的整体布局而言，猪场内建筑物应排列整齐、合理，既要利于道路、给排水管道、绿化、电线等的布置，同时又便于生产和管理工作。猪舍之间的距离以能满足光照、通风、卫生防疫的要求为原则。距离过大则猪场占地过多，间距过小则南排猪舍会影响北排猪舍的光照，同时影响通风效果，不利于防疫。根据光照、通风、卫生防疫等各种要求，猪舍间距一般以 3 ~ 5H（H 为南排猪舍檐高）为宜。一般两排之间的距离以 10 ~ 20 m 为宜。若规划土地充裕，可采用区块规划方式，将繁殖区（舍）、保育区（舍）、生长肥育区（舍）按分割区块设置，彼此间距达到 150 m 以上，有利于防疫安全。当然，各个猪场的生产模式、规模、工艺流程、管理水平不同，猪场的整体规划布局也不相同。

第三节　标准化猪场的猪舍设计

猪舍是猪生活的小环境，猪舍建筑设计必须符合各类猪群对环境的不同需求，适应各地气候和地理条件，满足生产工艺要求和日常饲养管理要求，建筑结构牢固和经济适用。

一、猪舍设计的基本原则

（一）符合猪群的生物学特性和对环境条件的要求

根据猪群生物学特性和对环境条件的要求，一般猪舍温度保持在15～25℃，湿度保持在45%～75%，保持猪舍内空气清新，光照适宜，为不同猪群提供适宜的舍内小环境。

（二）适应当地的气候和地理条件

我国各地的自然条件相差较大，猪舍设计时应保证适宜的檐高、窗户以保证舍内的通风和光照，必要时需安装通风设备。南方地区雨量充沛、气候炎热，猪场设计主要注意防潮防暑，最好安装降温防潮设备，尤其是种公猪舍、妊娠母猪舍和分娩母猪舍；北方地区高燥寒冷，应重点考虑防寒保暖，哺乳仔猪和保育舍应安装加热保温设施，尽量做到冬暖夏凉；沿海地区多风，要加强畜舍的坚固性和防风措施；山高、风大和多雪地区，应特别加固猪舍屋顶。

（三）便于日常饲养管理

规模化猪场自动化程度较高，多采用封闭式建筑和饲养管理模式，建筑猪场时应根据生产工艺流程特点，确定各类猪舍的数量和规划布局。并根据猪场的机械化程度，设计配套饲喂系统、环境控制系统、粪污处理系统等设施设备，充分考虑建筑空间和安装机械设备的操作方便性，降低劳动强度，减少劳动费用支出，提高劳动安全性和实施劳动保护。

（四）经济实用性

在考虑到猪舍设计的科学性的基础上，综合考虑生产成本和经济实力，确定适宜的生产工艺和饲养模式，建筑材料和设施设备配置的经济性和生产实践的实用性，完善猪舍的养殖功能。

二、猪舍建筑的类型及特点

猪舍的类型很多，通常根据屋顶形式、外墙与窗户结构以及猪栏排列等形式分为多种。

（一）按屋顶形式划分

猪舍建筑类型按屋顶的形式分为坡式、平顶式、拱顶式、钟楼式和半钟楼式等。

1. 坡式

坡式猪舍分为单坡式和双坡式。

（1）单坡式：猪舍的屋顶由一面斜坡构成，跨度较小，结构简单，通风透光，排水好，投资少，节省建筑材料，但冬季保温性能差，适合于小型猪场。如图 3-5 所示。

图 3-5　单坡式

（2）双坡式：猪舍的屋顶由两面斜坡构成，根据两面斜坡的长度分为等坡式和不等坡式。双坡式的优点与单坡式相同，其保温性能良好，若设吊顶则保温隔热性能更好，但投资较多。双坡式猪舍可用于各种跨度，一般跨度大的双列式、多列式猪舍常采用这种屋顶。如图 3-6 所示。

图 3-6　双坡式

2. 平顶式

平顶式的优点是结构简单、造价较低，缺点是防水较难做。可以充分利用屋顶平台，保湿防水可一体完成，不需要再设天棚。如图 3-7 所示。

图 3-7　平顶式

3. 拱顶式

拱式猪舍可选用砖石和轻型钢材，不需要木材，造价较低，可以建大跨度猪舍。缺点是屋顶保温性能较差，不便于安装天窗和其他设施，对施工技术要求也较高。选用空心拱砖有利于猪舍的防寒保暖和防暑降温；轻型钢材安装快速、可以迁移。如图 3-8 所示。

图 3-8　拱顶式

4. 钟楼式和半钟楼式

钟楼式和半钟楼式主要利用两侧或一侧墙面窗通风，有利于有害气体的排出和防暑降温。冬季和早春防寒保暖效果差，在防暑为主的地区可考虑采用此种形式。钟楼式猪舍需在窗口安装可以活动的窗帘，遮光和保温；半钟楼式猪舍的窗口应背向冬季主导风向，避免寒风倒灌。如图 3-9 所示。

图 3-9　钟楼式

（二）按猪舍封闭程度划分

猪舍建筑类型根据猪舍建筑外墙和门窗的设置，按猪舍封闭程度分为开放式、半开放式和密闭式。密闭式猪舍又可分为有窗式和无窗式。

1. 开放式

开放式猪舍由支柱、屋顶和端墙构成，两侧或一侧没有围墙，完全敞开，用运动场的围墙或围栏隔离，通常敞开部分朝南。开放式猪舍结构简单，通风采光好，造价低，但受外界影响大，较难解决冬季防寒和夏季防暑问题，仅适合于南方地区。如图 3-10 所示。

图 3-10　开放式

2. 半开放式

半开放式猪舍由支柱、屋顶和端墙构成，一侧或两侧只有半截围墙，通常在南面设半截墙，上半部敞开或设置通风口、玻璃窗、防风帘等，其保温性能略优于开放式。开敞部分在冬季可加以遮挡形成封闭状态，屋顶设置一层塑料泡沫棚顶，提高保温隔热性能，从而改善舍内小气候。半开放式猪舍建造简单，造价低，通风和采光好，保温性能较差，在南方地区小型猪场和养猪户中很受欢迎。

3. 密闭式

密闭式猪舍的屋顶、墙壁等外围护结构完整，四面墙壁砌至屋檐，可设窗户或不设窗户。猪舍设置配套通风、供暖、降温设备，具有环境条件好、适宜猪生长繁殖、便于管理的优点，但是投资大，适宜任何地区。密闭式猪舍是规模化猪场常用类型，分为有窗式密闭猪舍和无窗式密闭猪舍。

（1）有窗式密闭猪舍：猪舍四面设墙，窗户设在纵墙上；寒冷地区，猪舍南窗大，北窗小，以利于保温。夏季炎热地区，可在两纵墙上设地窗，或在屋顶设风管、通风屋脊等。冬季寒冷地区，可设置保暖供热设备。如图 3-11 所示。

图 3-11　有窗密闭式

（2）无窗式密闭猪舍：猪舍与外界自然环境隔绝程度较高，平时门紧闭，墙上不设窗，只设应急窗，供停电时应急用，不作采光和通风用。舍内设有配套的机械通风系统和供暖、降温设备，完全通过人工或自动调控舍内小气候，提供给各类猪群适宜的环境条件，有利于猪群的生长发育，提高生产性能。缺点是设备投资、运行和维修费用大，需保障用电稳定和安全。

（三）按猪栏排列划分

猪舍建筑类型按猪栏排列形式可分为单列式、双列式、多列式。

1. 单列式

猪舍中猪栏排成一列（位于南侧），北侧一般设置饲喂走廊，舍外可设或不设运动场。猪舍结构简单，通风和采光好，空气清新，防潮效果好，保温防寒效果好。但是跨度较小，建筑利用率较低，适合于中小型猪场的建筑物和公猪舍。如图 3-12 所示。

图 3-12　单列式

2. 双列式

猪舍中猪栏排成二列，中间设一走道，或在两边设清粪通道，舍外一般不设运动场。猪舍多为封闭舍，便于机械化饲养，保温性能好，管理方便，建筑物利用率高。但是采光和防潮性能不如单列式，北侧猪栏采光性较差，舍内易潮湿。适合于育成和育肥舍。如图 3-13 所示。

图 3-13　双列式

3. 多列式

猪舍中猪栏排成三列或四列，其跨度多在 10 m 以上。猪舍建筑物利用率高，外围护结构散热面积小，冬季保温效果好；栏位集中，生产功效高。缺点是建筑构造复杂、材料要求高、采光差、舍内阴暗潮湿、通风不良，必须辅以机械通风，人工控制光照及温、湿度。多列式猪舍适合于寒冷地区大群育成舍和育肥舍。如图 3-14 所示。

图 3-14　多列式

（四）按猪舍用途划分

猪舍建筑类型按用途分为配种猪舍（公猪舍、空怀母猪舍和后备母猪舍）、妊娠母猪舍、分娩猪舍（产房）、保育舍和生长育肥舍。

三、猪舍的建筑要求及其结构

一个完整的猪舍，主要由墙壁、地面、屋顶、门窗、通风换气装置和隔栏等部分构成。不同结构部位的建筑要求不同。墙壁、地面、门、窗户、屋顶等这些又统称为猪舍的“外围护结构”。

1. 屋顶

屋顶的作用是防止降水和保温隔热，是猪舍散热最多的部位。冬季屋顶失热多，夏季阳光直射屋顶，会引起舍内急速增温。猪舍屋顶要求简单、轻便、防水、耐火、坚固、耐用，不透气，保温隔热。屋顶形式多样，各地可根据当地气候特点选用不同类型的保温隔热材料。猪舍加设天棚，可明显提高其保温隔热性能。

2. 地面

猪舍地面要求坚实、平整、保温、不透水、不滑，便于清扫和清洗消毒。地面应保持 2%～3%的坡度，有利于保持地面干燥。土质地面、三合土地面和砖地面保温性能好，但不便于清洗和消毒；水泥地面坚固耐用、平整，易于清洗消毒，但保温性能差；全漏缝地板和半漏缝地板有利于保持猪舍内卫生和粪污处理及综合利用，具有很强的实用性。规模化猪场主要采用漏缝地板，适宜目前主推的环保、生态养猪模式。

3. 墙壁

墙壁是猪舍的主要外围护结构，是猪舍建筑结构的重要部分，它将猪舍与外界隔开。按墙所处位置可分为外墙和内墙。外墙为直接与外界接触的墙，内墙为舍内不与外界接触的墙。猪舍墙壁要求结构简单、坚固耐久、保温隔热、防火、防潮；内墙面要求平整光滑，可采用钢筋栅栏。

4. 门

猪舍外门通常设在猪舍两端墙，正对中央通道，向外打开，便于运送饲料。双列式猪舍门的宽度一般为 1.2～1.5 m，高度为 2.0～2.4 m；单列式猪舍要求宽度不小于 1.0 m，高度为 1.8～2.0 m。在寒冷地区，通常设门斗以加强保温性能，防止冷空气侵入，并缓和舍内热能的外流。门斗的深度应不小于 2.0 m，宽度应比门大出 1.0～1.2 m。

5. 窗户

猪舍窗户主要用于采光和通风。窗户面积大，采光、换气好，但冬季散热和夏季向舍内传热多，不利于冬季保温和夏季防暑。窗户距地面高度 1.1～1.3 m，窗顶距屋檐 0.1～0.5 m，两窗间隔为固定宽度的 1 倍左右。寒冷地区，在保证采光系数的前提下，猪舍南北墙均应设置窗户，尽量多设南窗，少设北窗。同时，为利于冬季保暖防寒，常使南窗面积大、北窗面积小，并确定合理的南北窗面积比。炎热地区南北窗户面积比为（1～2）∶1，寒冷地区面积比为（2～4）∶1。

第四节　标准化猪场的设备

不同性别、不同生理阶段的猪对环境及设备的要求不同，猪舍的建筑和设施配置也不同。不同类型的猪舍在设计猪舍内部结构及设备配置时应根据猪的生理特点和生物学特性，合理布置猪栏、走廊和饲料、粪便运送路线，选择适宜的生产工艺和饲养管理方式，提高劳动效率。现代化猪场的设备主要包括各种限位饲养栏，饲料加工、储存、运送设备及饲养设备，供水系统，供暖、降温和通风设备，漏缝地板，粪尿处理设备，卫生防疫、检测器具和运输工具等。具体设备的安装因猪舍类型而不同。在选择设备时，应遵循经济实用、坚固耐用、方便管理、设计合理、符合卫生防疫要求的原则。

一、猪　栏

根据建筑材料猪栏分为砖砌隔栏、金属隔栏和综合式隔栏；根据用途分为公猪栏、配种栏、妊娠栏、分娩栏、保育栏、生长育肥栏等。猪栏的选择和设计应符合不同猪群的生理特点，有利于猪群生产繁殖和猪舍环境控制，便于饲养管理、消毒和防疫。

（一）按照猪栏建筑材料划分

1. 砖砌隔栏

砖砌隔栏是在圈栏之间以 0.8 ~ 1.2 m 高的砖墙相隔，猪栏坚固耐用、耐酸碱、有利于防疫、造价低，但是不利于通风和管理，建筑利用率低，适合于小规模猪场。如图 3-15 所示。

图 3-15　砖砌隔栏

2. 金属隔栏

金属隔栏是在圈栏之间以 0.8 ~ 1.2 m 高的金属栅栏相隔，猪栏坚固耐用、通风、透气、便于管理，但是造价高、容易腐蚀、不利于防疫，适合于现代化猪场。如图 3-16 所示。

图 3-16　金属隔栏

3. 综合式隔栏

综合式隔栏包括两种：一种是在圈栏之间以 0.8 ~ 1.2 m 高的砖墙相隔，沿通道正面用金属栅栏；另一种是在圈栏下部 1/3 用砖砌隔栏，上部 2/3 用金属栏。综合式隔栏综合了砖砌隔栏和金属隔栏的特点，是较为理想的猪栏，适合于各种猪场。

猪栏的基本结构和基本参数应符合《规模猪场环境参数及环境管理》国家标准（GB/T 17824.3—2008）的规定。如图 3-17 所示。

图 3-17　综合式隔栏

（二）按照猪栏用途划分

1. 公猪栏

公猪栏高 1.2 ~ 1.4 m，栅栏结构可以是金属的、砖砌混凝土结构，也可以是综合式隔栏，栏门均采用金属结构。传统公猪舍采用带运动场的单列式猪舍，有利于保证运动、提高精液品质、延长利用年限；由于人工授精技术的普及，大多数猪场的公猪舍都采用限位栏模式，便于控制舍内小气候，大幅提高了猪舍的利用率，但公猪利用年限短、易导致肢蹄疾病、淘汰率高。如图 3-18 所示。

图 3-18 公猪栏

2. 配种栏

配种栏的结构形式有两种：一种是结构和尺寸与公猪栏相同，配种时将公、母猪驱赶到配种栏中进行配种。另一种是由 4 头空怀待配母猪与 1 头公猪组成一个配种单元，空怀母猪采用单体限位栏饲养，与公猪饲养在一起，4 ~ 5 个待配母猪栏对应一个公猪栏，4 头母猪分别饲养在 4 个单体限位栏中，公猪饲养在母猪后面的栏中。这种配种栏的优点是利用公猪诱导空怀母猪提前发情，缩短空怀期；同时也便于配种，不必专设配种栏。如图 3-19 所示。

图 3-19 配种栏

3. 妊娠母猪栏

妊娠母猪栏分为单体栏群饲、限位栏单饲和智能化妊娠母猪群养管理系统。

（1）单体栏群饲：传统妊娠母猪饲养常采用单体栏群饲模式。每圈（栏）饲养 4 ~ 5 头，每头猪平均占地 1.5 ~ 1.8 m^2。因母猪间争斗、挤撞易导致母猪流产，需在分娩前一周转入分娩舍。如图 3-20 所示。

图 3-20　单体栏群饲

（2）限位栏单饲：我国现代化、规模化猪场的妊娠母猪舍多采用双列、限位栏设计，限位栏由钢管焊接而成，包括两侧栏架和前后门，前面安装食槽和饮水器，后侧安装漏缝地板。栏舍 2.1 m × 0.6 m × 0.96 m（长 × 宽 × 高），每头猪占地 2.5 m^2。具有占地面积少，便于观察母猪发情和及时配种，母猪不争食，不打架，避免互相干扰，减少机械性流产等优点。如图 3-21 所示。

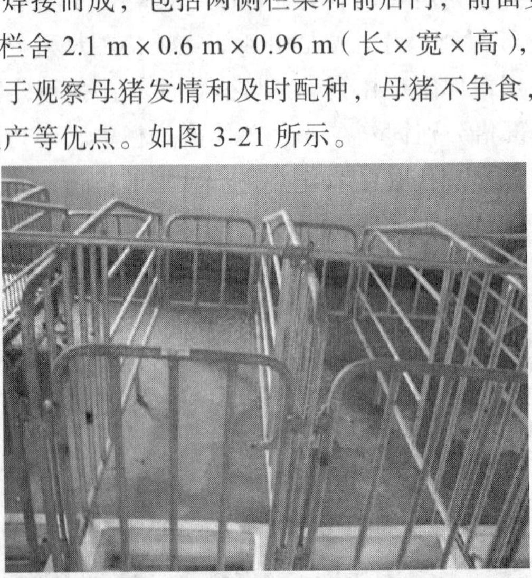

图 3-21　限位栏单饲

（3）智能化妊娠母猪群养管理系统：智能化妊娠母猪群养管理系统逐渐应用于现代化猪场，每台饲喂站可饲养 60 ~ 70 头母猪，每头猪平均占地 2.3 m^2。具有精细化管理母猪采食和体重、提高产仔数，重视动物福利、提高母猪生产性能，智能管理、提高生产效率等优点，但设备成本高。

4. 分娩栏

分娩栏一般采用单体栏，由漏缝地板（网）、围栏、母猪限位架、仔猪保温箱和食槽等组成。中间为母猪限位架，是母猪分娩和仔猪哺乳的地方。母猪限位架一般采用圆钢管和铝合金制成，前端设有母猪食槽和饮水器；后端设有横杆防止母猪后退，后部地面安装漏缝地板以清除粪便和污物；两侧是仔猪活动栏，用于隔离仔猪和仔猪采食、饮水、取暖、活动等。仔猪活动区设有补料槽、饮水器，红外线灯、保温箱及保温设施。

分娩栏分为地面分娩栏和高床分娩栏两种。地面分娩栏一般为普通砖混结构，分娩栏约 8 m^2；高床分娩栏是将金属编织的网或塑料漏缝地板铺设在粪沟的上面，再在金属地板（网）上安装母猪限位架、仔猪围栏、仔猪保温箱等。分娩栏为 2.2 m × 1.7 m × 0.6 m；母猪限位架为 2.2 m × 0.6 m ×（0.9 ~ 1.0）m，离地高度为 0.03 m，并每隔 0.30 m 焊一孤脚；保温箱为 1 m × 0.67 m × 0.6 m，高于分娩栏 0.2 m。高床分娩栏具有占地少、便于管理、有利于减少疾病和防止压死仔猪的优点，但成本高。如图 3-22 所示。

图 3-22　分娩栏

5. 仔猪保育栏

保育猪是养猪生产中的重要环节，现代化猪场多采用高床网上保育栏，结构与高床分娩栏的底网和围栏相同，主要用金属编织漏缝地板网通过支架设在粪尿沟上或水泥地面上，围栏由连接卡固定在金属漏缝地板网上，相邻两栏在间隔处设有一个双面自动食槽，供两栏仔猪自由采食，每栏安装一个自动饮水器。仔猪保育栏的长、宽、高尺寸，视猪舍结构不同而定，一般为 2 m × 1.7 m × 0.6 m，侧栏间隙 0.06 m，离地 0.25 ~ 0.3 m；可养 10 ~ 25 kg 的仔猪 10 ~ 12 头。高床保育栏占地少，便于管理，但成本高，主要应用于规模化养殖。生产中保育栏的围栏也可以采用金属和水泥混合结构，东西两面用水泥做围栏，南北两面用金属做围栏，既可以保持通风，也可以降低成本。如图 3-23 所示。

图 3-23　仔猪保育栏

6. 生长育肥栏

传统养殖为减少并窝的咬斗，生长肥育猪常采用同窝为主的小群饲养，由于空间狭小，不利于采食、排粪和休息，甚至导致采食时争抢。现代养猪通常采用大型通栏大群饲养生长肥育猪。生长育肥栏的设计遵循简单、实用的原则。一般为 5 m × 3.8 m × 0.9 m，每头生长猪占地不小于 0.5 m^2，每头肥育猪占地不小于 0.7 m^2。生长育肥栏包括金属栅栏、砖混栏和混合栏三种。

（1）金属栅栏：采用全金属栅栏安装在钢筋混凝土板条地面上，高 0.8 m，间隔 0.1 m，具有通风良好、利于降温、建筑利用率高的特点。相邻两栏在间隔栏处设有一个双面自动饲槽，供两栏内的生长猪或肥育猪自由采食，且每栏安装一个自动饮水器供自由饮水。

（2）砖混栏：采用水泥隔墙及金属大栏门，地面为水泥地面，后部有 0.8 ~ 1.0 m 宽的水泥漏缝地板，下面为粪尿沟。有利于防疫要求，但通风不良。

（3）混合栏：采用金属栅栏和水泥隔墙共同构成，一般下部为水泥隔墙，上部为金属栅栏。

二、饲喂设备

猪的采食行为和次数对饲料浪费有着明显影响，猪场的饲料储存、输送及饲喂方式直接影响饲料的利用率、生产效率和猪场的清洁卫生。设计和选用合适的饲喂设备可以减少猪个体间采食量的悬殊差异，明显减少饲料浪费，满足不同阶段的猪对饲料的需求，减少粪污产生，提高生产效率，提高养猪业的经济效益。目前，猪场的饲喂系统分为人工饲喂和自动饲喂两大类。

（一）人工饲喂系统

人工饲喂系统采用人工装卸和饲喂饲料，主要包括饲料储存、输送和饲喂设备。人工饲喂系统饲料浪费大、劳动强度较大，传统养殖模式多采用人工饲喂系统。

1. 饲料储存设备

饲料储存设备主要是猪舍外的储料塔，一般采用 2.5 ~ 3 mm 镀锌波纹钢板压制而成，储料塔上部设饲料入口，下部设出料口。

2. 饲料输送设备

饲料输送设备主要包括饲料输送机和加料车。饲料输送机是将饲料从储料塔输送到猪舍内的饲料车、料槽或自动食箱内的设备，包括带式输送机、链式输送机、螺旋式输送机和塞管式输送机。饲料车则将饲料从饲料塔出口或饲料输送机送至料槽，包括手推自动式和手推人力式加料两种，主要用于定量饲养的配种栏舍、妊娠栏舍和分娩栏舍。

现代化养猪场较为常用的猪饲料输送系统有湿料和干料两种。干料系统是将粉料和颗粒料送入饲料塔中，然后用螺旋输送机将饲料输入到猪舍内的自动落料料槽或普通料槽进行饲喂。湿料系统由 1 个箱体构成，饲料和水在箱中混合成粥状或胶状，再通过管道泵送至猪栏中的料槽。与干料输送系统相比，湿料输送系统有许多优点，包括减少猪舍内灰尘和饲料浪费。

3. 饲料饲喂设备

饲料饲喂设备主要是料槽，料槽的形状及入口的大小是料槽设计的关键事项。料槽入口应该足够大，确保猪不受限制地采食饲料，料槽的形状应该允许饲料很容易被猪获取和吃到。根据采食情况分为普通料槽和自动料槽，各猪场根据具体情况选择安装。

（1）普通料槽：普通料槽分限量料槽和自由采食料槽。自由采食料槽应合理设计料槽中槽位空间（或采食孔）的数目、猪采食的有效空间以及饲料类型。每个采食孔饲喂的猪数为 4 ~ 6 头，单一槽位空间饲槽为 10 头，每头猪喂饲时所需饲槽的长度大约等于猪的肩宽。猪的料槽根据其使用材料又可分为水泥料槽和金属料槽两种。水泥料槽坚固耐用，价格低廉，既适合喂干料也适合喂湿拌料。同时，还可兼作水槽。其缺点是不易清扫，适用于地面圈养。金属料槽易于清扫，但只适合饲喂干料，多用于饲喂仔猪和哺乳栏或限位栏的母猪。可以安装在固定位置，也可以安装为移动料槽。如仔猪补料槽，结构简单、质量轻巧、强度高、耐酸碱、防腐蚀、便于清洗消毒和搬运，适合于各种猪栏。条件差的猪场一般采用间隙添料料槽，一般为水泥浇注固定料槽，安装在隔墙或隔栏下方，由走廊添加饲料；规模化猪场限位饲养的妊娠和泌乳母猪多采用金属固定料槽，安装在限位栏上。

（2）自动料槽：也称自动采食箱，一般由饲料箱和食槽两部分组成。自动料槽在食槽上方增加了一个料箱，料箱用以存储饲料，当猪吃完饲槽中的饲料时，料箱中的饲料在重力的作用下不断落入饲槽内，因而改善了原食槽的缺料状况。同时，料箱的引入也使饲喂得以从间断性分餐方式转变到连续性方式。

为防止采食过程中的争抢，同时考虑到猪的强弱，一方面在食槽中设置了隔板，隔开猪的采食位置及视线；另一方面把食槽缩短，以期所有猪都能较好地采食。这种食槽可保证猪随时采食，清洁卫生，且减少饲养工作量。但成本略高，适合于规模化猪场。常见的自动料槽包括方形自动落料料槽和圆形自动落料料槽两种，可以用钢板制造，也可以用水泥预制板拼装，分双面、单面两种形式。双面自动饲槽供两个猪栏共用，单面自动饲槽供一个猪栏用。每面可同时供 4 头猪吃料。

干湿喂料器是将猪采食和饮水在空间位点上设计在一起，形状和结构设计充分考虑猪采食行为特点，适于养猪生产机械化且自动化要求的饲喂设备。主要由料斗、料筒、饮水器、饲槽、控制杆及支架组成，可用于猪采食干料、干湿料和饮水。干湿喂料器综合了湿料饲喂和自由采食的优点，减少了饲料的浪费和猪只耗费的能量，提高了饲料的利用率和转化率，从而提高了养猪效益。猪干湿饲喂器因其投资少、效果好，是目前一种理想的饲喂设备。

（二）自动饲喂系统

随着规模化猪场的兴起和人力资源的严重短缺，规模猪场自动饲喂系统逐渐在广大猪场广泛应用并得到认可。

1. 规模化猪场自动饲喂系统

规模化猪场自动饲喂系统由饲料运输车、控制系统、储料系统、驱动系统、传送系统、自动落料系统等组成。适合于干料和湿料，饲喂迅速、准确、均衡，减少了饲料浪费、降低了猪群的应激性、降低了员工的劳动强度，提高了生产效率，广泛应用于规模化猪场。

饲料厂的全价饲料由专用饲料运输车运输到猪场，通过机械或气流输送方式将饲料卸载到储料塔或仓库中。根据饲喂对象及饲料干湿类型不同，电脑控制储料塔和混合罐（湿料），自动计量、配合饲料，通过驱动系统和饲料传送系统将饲料传送到猪舍内的落料装置，实现自动饲喂，精准投料。如图 3-24 所示。

图 3-24　自动饲喂系统

2. 母猪自动化饲喂系统

全自动母猪饲喂系统即 Total Electronic Animal Management（全电子动物管理系统），简称 TEAM 系统，主要用于妊娠母猪的饲养管理。TEAM 系统能自动识别和区分每头母猪，并根据其妊娠日期、体况、环境条件准确投放饲料量，达到控制采食量和母猪体况的目的。

母猪自动饲喂系统如图 3-25 所示。

图 3-25　母猪自动饲喂系统

三、供水及饮水设备

（一）供水设备

猪场供水设备主要由水井提取、水塔储存和输送管道等部分组成。现代化猪场的供水一般都是采用压力供水，其供水系统主要包括供水管路、过滤器、减压阀、自动饮水器等。

（二）饮水设备

猪场饮水设备有水槽和自动饮水器两种形式。

1. 水槽

水槽是传统的养猪设备，包括水泥水槽和石槽。传统水槽投资虽小，但水质卫生条件差，浪费大，工作量也大，一般适合于个体养殖户或小型猪场。

2. 自动饮水器

自动饮水设备可以日夜供水，减少劳动量，水质清洁卫生，规模化猪场一般都采用这种供水形式。猪用自动饮水器的种类很多，有鸭嘴式、乳头式、杯式等，最为普遍的是鸭嘴式自动饮水器。

（1）鸭嘴式自动饮水器：鸭嘴式自动饮水器主要由阀体、阀芯、密封圈、回位弹簧、塞盖、滤网等构成，水流压力低、流速低，耐腐蚀、不漏水，寿命长。安装角度有 90° 和 45° 两种，离地高度随猪体重变化而不同。饮水器与水管成 90° 角时，饮水器与猪前肩齐平；饮水器与地面成 45° 角时，饮水器比猪高 5 cm。

（2）乳头式自动饮水器：乳头式自动饮水器由顶杆、钢球和壳体构成，结构简单，水流压力高、流速急，不利于猪只饮水，密封性能差，易弄湿圈舍。

（3）杯式自动饮水器：杯式自动饮水器为单体式自动饮水器，主要包括浮子式、弹簧式和水压阀杆式等。

四、供暖降温设备

（一）供暖设备

猪舍的供热采暖分为集中供热采暖和局部供热采暖两种形式。

1. 集中供暖设备

集中供暖适用于各种猪舍，目前主要采用热水散热器（暖气）供暖系统、热水管地面供暖系统、热风供暖系统、太阳能采暖系统等对整个猪舍供暖，保持猪舍适宜的温度。

（1）热水散热器供暖系统：热水散热器供暖系统是由热水锅炉、管道和散热器（暖气片）构成，舍内温度稳定、供暖效果好，但是舍内湿度大，成本高。设计时应尽量缩短管路长度，减少每组暖气片的数量，适当增加组数，以提高供暖效果。合理安置散热器的位置，分娩舍宜安装在饲喂过道上，保育舍和生长育肥舍宜安装在窗口下方，以提高热效率。

（2）热水管地面供暖系统：热水管地面供暖系统是将热水管埋在地面的混凝土层内或下面的土层中，并在热水管下面铺设防潮隔热层阻止热量向下传递。在分娩舍为了满足母猪和仔猪的不同温度要求，可以将大部分热水管埋在仔猪活动的区域；在保育舍和生长育肥猪舍热水管均匀埋设在活动休息区域，以保证温度一致。一般热水管选用聚丁烯或高强度聚乙烯塑料管，也可选用较软的铜管。粗管径有利于减小水流阻力，提高供暖效果，一般管径为 12 ~ 32 mm。

（3）热风供暖系统：热风供暖系统是利用空气传递热源，由热源和换热设备构成，具有成本低、易自动化控制、可与机械通风结合、耗能低、有效降低湿度、保持良好环境等优点，但是不适合远距离输送，通常分为热风炉式、空气加热器式和暖风机式 3 种类型。

此外，太阳能采暖系统具有经济、无污染的特点，但受制于气候条件，需设置其他采暖设备。在燃料丰富的地区还可以采用地下烟道供暖系统，供暖效果好、成本低廉。而南方开放式猪舍采用挡风帘幕，具有一定保温作用。

2. 局部供暖设备

局部供暖适用于仔猪阶段。目前大多数猪场采用高床分娩和育仔，常用红外线灯、远红外线加热板、电热保温板、仔猪保温箱等供暖设备，加热效果好，方法简便、灵活，有电源即可。

红外线保温灯挂在仔猪活动区域或保温箱上方，根据季节和环境温度选用不同功率的灯泡，通过调节高度（不能触碰到仔猪）达到控制温度的目的，但耗电、寿命短。

电热保温板一般为 1.0 m × 0.45 m × 0.03 m，功率 100 W，分为可调温型和非调温型两种。表面有防滑的条纹，绝缘性和耐腐蚀性好，不积水、易清洗。

仔猪保温箱一般采用硬塑料、玻璃钢，也可选用木材和砖混结构。一般为 1.0 m × 0.6 m × 0.6 m，箱顶挂红外线保温灯，箱底可安装电热保温板或远红外线加热板，增强供暖效果。

此外，还可选用电热风器、远红外线加热板等供暖设备，而传统的铺设厚垫草、生火炉、搭火墙、热水袋等方法效果不理想，费时费力，但费用低，小规模猪场和农户可采用。

（二）降温设备

猪舍的降温设备分为通风降温设备和蒸发降温设备。包括冷却器降温、负压抽风 + 湿帘降温、滴水降温、水蒸发式冷风机、喷雾降温系统等。

1. 通风降温设备

通风降温设备主要采用机械通风设备控制舍内小气候，主要包括侧进（机械）上排（自然）通风、上进（自然）下排（机械）通风、机械进风（舍内进）地下排风和自然排风、纵向通风、一端进风（自然）一端排风（机械）等形式，适合于一般的猪场。通常选用大直径、低速、小功率的通风机，具有通风量大、噪声小、耗电少、可靠耐用的特点，适宜长期使用。

2. 蒸发降温设备

蒸发降温设备主要利用水蒸发吸收舍内热量达到降温的目的，在高湿环境下降温效果较差，主要包括滴水降温、喷淋降温、喷雾降温和湿帘降温等方式。

（1）滴水降温：利用滴水降温头对猪体直接降温，不弄湿地面和增加舍内湿度，适合于分娩哺乳母猪舍和单体限位栏妊娠母猪舍。配套安装正压通风管，则降温效果更好。

（2）喷淋降温：机械喷头反复间隙性向猪体喷水，利用皮肤水分蒸发达到较好的降温效果。喷淋降温容易喷湿地面，增大舍内湿度，影响仔猪生长，不适用于分娩哺乳猪舍，主要适用于种猪和生长肥育猪群。

（3）喷雾降温：利用加压水泵、过滤器和喷雾器形成水雾，降低舍内温度。但是，喷雾增大了舍内湿度，只能间隙使用，并加强通风换气，尤其是密闭式猪舍。

（4）湿帘降温：由负压抽风机和湿帘构成，利用水蒸发达到降低舍内空气温度的目的，降温效果显著，是目前最成熟的系统之一。但是对外围护结构要求高，需配套机械通风，适合于密闭式猪舍，高湿地区降温效果差。

五、漏缝地板及清粪设备

（一）漏缝地板

漏缝地板要求耐腐蚀，不变形，表面平整，防滑，导热性小，坚固耐用，漏粪效果好，易冲洗消毒；适应各种日龄猪的行走站立，不卡猪蹄；漏缝断面呈梯形，上宽下窄。漏缝地板距离粪沟 80 cm，粪沟中保持 3 ~ 5 cm 的水深，便于清除粪污。漏缝地板包括钢筋混凝土、金属、塑料等漏缝地板，以及板条、板块、钢筋编织网、钢筋焊接网、铸铁、塑料板块等。塑料漏缝地板是用工程塑料压制而成，可以小块拼装组合，使用方便。其导热性小，保温性能好，很适合于哺乳仔猪的休息区和断奶仔猪保育栏。

1. 水泥漏缝地板

要求表面光滑、易于清洁，内有钢筋网，结构坚实耐用。造价较低，适用于一般猪场。

2. 金属漏缝地板

金属漏缝地板包括铸铁漏缝地板、金属焊接条状漏缝地板、金属编织地板网等。铸铁漏缝地板使用效果好，但造价高，适用于高床产仔栏母猪限位架下及公猪、妊娠母猪、生长肥育猪的粪沟上铺设。金属编织网格状漏缝地板适用于分娩母猪栏和保育猪栏。金属焊接条状漏缝地板适用于生长育肥栏。

3. 塑料漏缝地板

由工程塑料模压而成，有利于保暖，热工性能上优于金属编织网，可用于高床产仔栏、高床育仔网。

此外，还有橡胶漏缝地板，常用于配种栏和公猪栏；而陶质漏缝地板还具有防水功能，适合于保育栏。

（二）清粪设备

清粪设备分为自动水冲和机械清粪两种。自动水冲清粪包括自动翻水斗和虹吸自动冲水器；机械清粪主要是往复刮板式清粪机。

六、清洁消毒设备

（一）车辆、人员清洁消毒设施

1. 车辆消毒池

猪场大门口设置车辆消毒池，与大门等宽，长度为机动车轮胎周长的 2.5 倍以上。车身经过冲洗喷淋消毒方可进场。

2. 更衣、消毒间

猪场大门口设置沐浴、更衣间和消毒间，进场人员必须经过温水冲洗、更换工作服，通过消毒间、消毒池和紫外线消毒灯，进行严格消毒。

（二）环境清洁消毒设备

1. 电动清洗消毒车

电动清洗消毒车工作压力为 15 ~ 20 kg/cm^2，流量为 20 L/min，冲洗射程为 12 ~ 15 m，是工厂化猪场较好的清洗消毒设备。

2. 火焰消毒器

火焰消毒器是利用液化气或煤油高温雾化，剧烈燃烧产生高温火焰对舍内的猪栏、饲槽等设备及建筑物表面进行瞬间高温燃烧，达到杀灭细菌、病毒、虫卵等消毒净化目的。火焰消毒杀菌率高达 97%以上，避免了用消毒药物造成的药液残留。

猪场内还包括其他设备，如仔猪转运车、电子称猪器、电子赶猪器、套猪器、粪便污水处理设备、耳号钳、断尾器等。目前，养猪场的设备已经基本上定型化、标准化，执行《规模猪场环境参数及环境管理》国家标准（GB/T 17824.3—2008）制作和安装标准。

第五节　生猪标准化高效养殖模式

随着养猪业的发展，猪场粪污处理与环境保护的矛盾越来越突出。表现出地均猪过大，局部地区养殖污染严重；种植业季节性消纳粪便，导致粪污处理压力；养猪场缺乏充足的粪污处理配套设施，以及种养殖结合机制；传统水冲式粪污处理模式，导致粪污排放严重超标。在猪场设计与建设时，应根据《规模猪场建设》（GB/T 17824.1—2008）、《猪场废弃物处理与利用技术规范》（DB 51/T 1075—2010）选择生态、健康、高效的养殖模式，处理好养猪产业的健康发展和环境保护的问题，这是养猪业健康、持续发展的重要途径。

一、生态型养猪模式

生态型养猪模式是根据单位耕地生猪承载量确定养殖规模，按照种养结合、循环利用原则，以沼气为能源，沼液作肥源，用于农作物生产，对猪只排出的粪尿进行无害化处理，资源化利用，有效降低养猪生产对环境的污染。我国主要的生态型养猪模式包括猪-沼-果生态型养猪模式、猪-沼-草生态型养猪模式、猪-沼-林生态型养猪模式、猪-沼-菜生态型养猪模式等。

以“猪-沼-果”生态型养猪模式为代表的模式，是一种以沼气为载体的种养殖业结合生产机制。采用人工干清粪，将猪场的粪污经固液分离处理、自然或微生物发酵、产生沼气，既消除养猪业对环境的污染，又降低了种养殖业生产成本，形成种养殖业结合、循环利用和良性发展。这是目前我国大力推广的生态型农业模式，根据养殖规模、粪污处理与循环利用技术，分为还田模式和生态还田模式。

（一）还田模式

还田模式适用于山区和年出栏万头以下的中小型养猪场或养猪小区，生产流程见图 3-26。据四川省的观测数据显示，还田模式农作物产量明显提高，每亩减少尿素肥施用量 14.36 kg，增加收入 18 416.08 元，地均猪为 2.85 头。

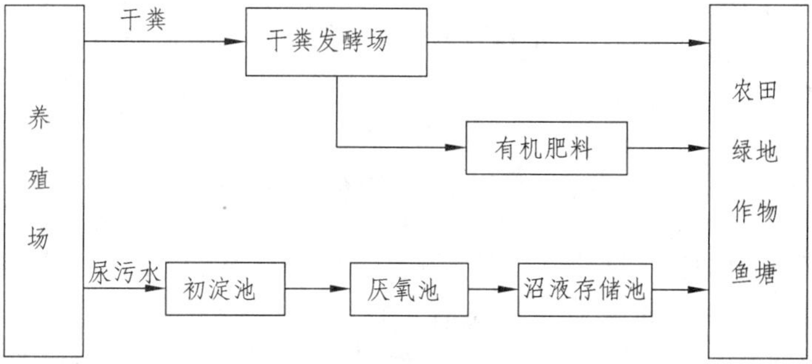

图 3-26 还田模式工艺流程

（二）生态还田模式

生态还田模式适用于年出栏肉猪 1～2 万头的中、大型规模猪场的生态养猪模式，其工艺流程见图 3-27。据四川省的观测数据显示，生态还田模式农作物产量明显提高，每亩平均减少尿素施用量 14.5 kg，增加收入 198.01 万元，地均猪为 3.397 头。

生态型养猪模式采用还田或生态还田模式的养殖场粪污处理与循环利用模式，既可降低养殖环境污染，又可减少化肥施用，增加农作物产量，是我国生猪养殖业健康、持续发展的必由之路。

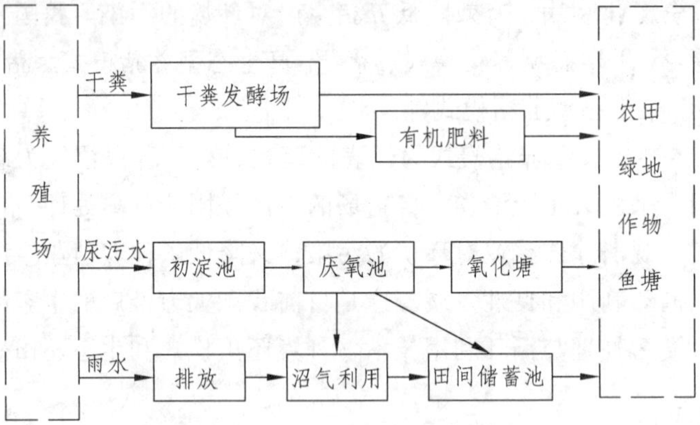

图 3-27　生态还田模式工艺流程

二、环保型养猪模式

环保型养猪模式也是我国养猪业发展的重要形式。环保型养猪模式主要包括“漏缝地板、免冲洗、减排环保型养殖模式”“达标排放环保型养殖模式”以及“生物发酵垫料零排放养殖模式”。

（一）漏缝地板、免冲洗、减排环保型养殖模式

漏缝地板、免冲洗、减排环保型养殖模式是一种环保、减排的新型环保养殖模式。采用漏缝地板、人工清粪，免冲洗、自然或微生物发酵，或固液分离进入沼气发酵系统，经种养殖结合转化利用。粪便作为有机肥，尿液经发酵直接用于种植业，或经沉淀和生物氧化塘处理达标后排放。免冲洗作业大大减少猪场排污量，减轻环

保压力，达到节能、减排、环保的目的。目前主要包括三种形式：全漏缝地板、免冲洗、尿泡粪模式；半漏缝地板、免冲洗、干捡粪模式，主要用于生长肥育猪舍、仔猪舍和保育舍；全漏缝地板、免冲洗、沟渠干捡粪模式，主要适用于母猪舍、保育舍、仔猪舍或生长育肥舍，生产流程见图 3-28。

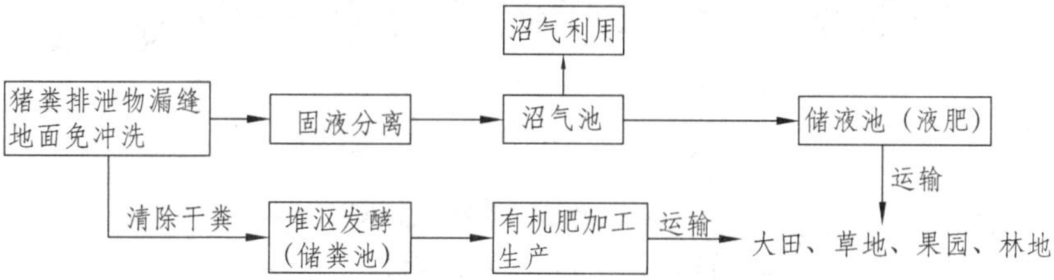

图 3-28　漏缝地板、免冲洗、减排环保型养殖生产流程图

（二）达标排放环保型养殖模式

达标排放环保型养殖模式是要求传统养殖场应尽量采用人工干捡粪、减少水冲式作业，控制污水排放量。猪场粪污排泄物经干捡粪和固液分离后，堆积发酵制作成有机肥，用于种植业消纳。污水经沼气池厌氧发酵，产生的沼气用作能源，沼液经沉淀池沉淀、给养曝气池处理、水生植物生物氧化塘降解，最后排放的污水完全达到《畜禽养殖业污染物排放标准》（GB 18596—2001）及《猪场废弃物处理与利用技术规范》DB 51/T 1075—2010 的排放标准。

据四川省的研究表明："干清粪，厌氧发酵+暴氧+氧化塘"粪污处理模式是一种有效的粪污处理方式，较"水冲粪，厌氧发酵+分级氧化塘"和"水冲粪，厌氧发酵"粪污处理模式可显著提升地均猪数量。

（三）生物发酵垫料零排放养殖模式

生物发酵垫料零排放养殖模式是利用现代微生物发酵处理的新型生态养猪模式。采用木屑、谷壳等原料，按比例添加有益微生物菌群发酵制作猪舍垫料。微生物垫料吸收、利用、降解、转化猪只排放的粪尿，达到免冲洗、免清扫、零排放的目的，从源头上解决了猪场粪污污染问题。目前，还存在夏季热应激、垫料管理、生物安全等问题，还需进一步探索和总结。据四川省的研究表明，垫料中 Zn 和 Cu 的浓度在使用 1 年后迅速富集，使用 2 年的废弃垫料 Cu 和 Zn 严重超标，不能直接用作有机肥还田，如果要将垫料用作有机肥，其使用时间应控制在 1 年以内。

第四章　猪的品种与繁育技术

我国猪种资源丰富，按来源可分为地方猪种、培育猪种和引进猪种三大类。按经济类型可分为脂肪型（瘦肉率小于 45%）、瘦肉型（瘦肉率大于 55%）和肉脂兼用型（瘦肉率为 45%～55%）三类。各猪种具有不同的外貌特征和生产性能特点，在生产中的利用方式也不相同。目前，规模化猪场普遍选择国外优良品种或国内优良品种为主导品种，推进主导品种或配套系高效杂交组合；推广规范化繁殖与配种技术，为生猪标准化养殖提供种源保障。

第一节　猪的主要品种

一、国外优良品种

我国先后从国外引进了十多个品种，它们大多属于瘦肉型猪种。具有头小、肩轻、体躯长而浅、背腰平直或呈弓形、体长大于胸围 15～20 cm，以及腿臀丰满等特征。

引进的瘦肉型猪种生产性能高，具有共同的特点，比如：膘薄，瘦肉率高；生长速度快，饲料利用率高；抗逆性差，对饲养管理要求较高；性成熟晚，繁殖力低。目前引进的长白、大白、杜洛克等瘦肉型猪的瘦肉率基本在 60%。

我国引进的主要品种有：长白、大白、杜洛克、皮特兰，以及迪卡和 PIC 配套系猪。这里仅介绍目前生猪标准化养殖的几个主导品种或配套系组合。

（一）杜洛克

杜洛克（Duroc）原产美国，原名杜洛泽西，俗名红毛猪，是我国引进的优良瘦肉型猪种之一，生产中主要用作杂交利用的终端父本。

1. 外貌特征

全身被毛呈棕红色或金黄色，允许体侧或腹下有少量小暗斑点，结构匀称紧凑；头中等大小、嘴短直，耳中等大小、略向前倾；背腰稍弓或平直、腹线平直，体躯深广、胸宽深；腿臀丰满，四肢粗壮结实，蹄呈黑色且多直立。如图 4-1 所示。

图 4-1　杜洛克

2. 繁殖性能

性成熟晚，繁殖力较低。母猪初情期 170～200 d，性成熟 180 d 左右，适宜配种日龄 220～240 d，体重 120 kg 以上。初产母猪产仔数 8～9 头，经产母猪产仔数 10 头，乳头 5～6 对。

3. 生长肥育

增重快、饲料报酬高。良好条件下，达到 100 kg 体重的日龄不足 160 d，体重 25～100 kg 阶段平均日增重 675 g，料肉比 2.69：1。

4. 胴体品质

胴体性状好、瘦肉率高。体重 100 kg 时，屠宰率 70%以上，胴体瘦肉率 63%以上，背膘厚 18 mm 以下，眼肌面积 33 cm^2 以上。

（二）长白

长白（Landrace）原产丹麦，原名兰德瑞斯，是我国引进的优良瘦肉型猪种之一，生产中主要用作杂交利用的母系。

1. 外貌特征

体驱长、前窄后宽，全身被毛白色，允许偶有少量暗黑斑点；头狭长、耳大前伸；颈肩轻、背腰长，背线平直或微弓、腹线平直而不松弛，肋骨 16 对；腿臀丰满，四肢结实。如图 4-2 所示。

图 4-2　长白

2. 繁殖性能

性成熟晚，繁殖力较低。母猪初情期 170 ~ 200 d，性成熟 180 d 左右，适宜配种日龄 230 ~ 250 d，体重 110 ~ 120 kg。初产母猪产仔数 9 ~ 10 头，经产母猪产仔数 10 ~ 11 头，乳头 6 ~ 7 对，个别猪 8 对。

3. 生长肥育

增重快、饲料报酬高。达到 100 kg 体重的日龄不足 170 d，体重 30 ~ 100 kg 阶段平均日增重 865 g，料肉比 2.4 : 1。

4. 胴体品质

胴体性状好、瘦肉率高。体重 100 kg 时，屠宰率 72%以上，胴体瘦肉率 63%以上，背膘厚 18 mm 以下，眼肌面积 35 cm^2 以上。

（三）大约克夏

大约克夏（Large Yorkshire）原产英国，又名大白猪，是我国引进的优良瘦肉型猪种之一，生产中主要用作杂交利用的母系。

1. 外貌特征

体格大，体型匀称，全身被毛白色，允许偶有少量暗黑斑点；头长，面微凹，耳直立；颈肩轻、背腰平直，肩宽、背阔；腿臀丰满，四肢结实。如图 4-3 所示。

图 4-3 大约克夏

2. 繁殖性能

性成熟晚，繁殖力较低。母猪初情期 165 ~ 195 d，性成熟 180 d 左右，适宜配种日龄 220 ~ 240 d，体重 130 kg 以上。初产母猪产仔数 9 ~ 10 头，经产母猪产仔数 11 ~ 12 头，平均乳头数 14.5。

3. 生长肥育

增重快、饲料报酬高。达到 100 kg 体重的日龄不足 180 d，体重 30 ~ 100 kg 阶段平均日增重 858 g，料肉比 2.7：1。

4. 胴体品质

胴体性状好、瘦肉率高。体重 100 kg 时，屠宰率 71%以上，胴体瘦肉率 62%以上，背膘厚 18 mm 以下，眼肌面积 30 cm^2 以上。

（四）PIC 配套系

PIC 配套系产于英国，世界著名的瘦肉型五系配套专门化品系，是我国引进的优良瘦肉型配套系猪种，生产中主要用作专门配套杂交利用。曾祖代、祖代、父母代种猪各具不同特点，分别供纯繁、杂交、扩繁利用；父系和母系都是经过长期改良的专门化品系，父系具有生产速度快、饲料报酬高、体型好等优势；母系具有产仔率高、母性强等优势；父母代父母系猪专门用于配套杂交生产的 ABCDE 商品代猪，是 PIC 五系杂交的终端商品猪。商品猪具有生长迅速、耗料少、产仔多、成活率高、瘦肉率高、肉质好、免疫力强、适应性好等特点。达到 100 kg 体重的日龄 155 d，体重 20 ~ 100 kg 阶段平均日增重 800 g，料肉比（2.6 ~ 2.65）：1；胴体性状好、瘦肉率高。体重 100 kg 时，屠宰率 73%，胴体瘦肉率 66%，背膘厚 16 mm 以下。如图 4-4 所示。

图 4-4　PIC

二、国内优良地方品种

我国具有丰富的优良地方猪资源，普遍具有优于国外猪种的优良特点，在繁殖性能、抗逆性、胴体品质等方面表现出独特的优势。但是，在生长发育、胴体性能方面则不如国外品种。各地主要将地方猪种作为杂交母本，用于杂交改良、培养新品种和杂交优势利用，并且取得了显著效果。

（一）国内地方良种的类型

根据猪种的来源、分布情况，我国的地方猪种通常分为华北型、华南型、华中型、江海型、西南型和高原型六个类型，都属于脂肪型猪。

1. 华北型

华北型猪种分布在秦岭和淮河以北。猪体格较大，头直嘴长；腰狭窄，臀部倾斜，四肢粗壮；皮厚毛密，鬃毛发达，被毛多黑色，冬季密生绒毛。繁殖力强，母猪初情期 3 ~ 4 月龄，经产母猪产仔数 12 头以上。代表品种有东北地区的民猪、西北地区的八眉猪和淮河流域的淮猪等。民猪的突出特点是抗寒力强，繁殖性能好，初产母猪窝产仔数 11 头，经产母猪 13 头左右。

2. 华南型

华南型猪种分布在中国南部。猪体格较小，头小而凹，耳竖立或向两侧平伸；

躯体短宽，腿臀丰满，四肢较短；皮薄毛细，鬃毛短小，多黑色或黑白花。性成熟早，繁殖力低，平均产仔数 8 ~ 10 头。代表品种有广西的陆川猪、广东的小耳花猪、云南的滇南小耳猪、福建的槐猪、海南的海南猪等。陆川猪以早熟易肥、肉质优良著称，初产母猪窝产仔数 9 ~ 10 头，经产母猪 11 头左右。

3. 华中型

华中型猪种分布在长江以南，北回归线以北，大巴山和武夷山以东的大部分地区。猪体型较小，略大于华南型，头中等大小，耳向上或平向前伸；背腰较宽、多小凹，腹大下垂；毛色多黑白花，头尾多为黑色。繁殖力中等，产仔数 10 ~ 13 头。代表品种有浙江金华猪、广东的大花白猪、湖南的宁乡猪、广西壮族自治区的两头乌猪等。金华猪繁殖力较高，初产母猪窝产仔数 10 头以上，经产母猪 13 头左右；尤以肉质著名，是生产金华火腿的原料猪种。

4. 江海型

江海型猪种分布在长江中下游及东南沿海的狭长地带。猪额宽，耳大下垂；背腰较宽，平直或微凹；骨粗，皮厚而松软，多皱褶，被毛黑色或间有白斑。繁殖力高，经产母猪产仔数 13 头以上。代表品种有太湖流域的太湖猪、江苏的姜曲海猪、台湾省的桃园猪等。太湖猪最突出的优势是其超高的繁殖性能，初产母猪窝产仔数 12 头，经产母猪 14 头以上，最高可达 30 头，母性好、哺育成活率高，国内一般作为商品杂交母本利用。

5. 西南型

西南型猪种分布在四川盆地，云南、贵州大部分地区，以及湖南、湖北的西部地区。猪体格较大，头大、额面多横行皱纹、有旋毛；四肢粗壮，毛色多样，以全黑或“六白”为主。繁殖力较低，经产母猪产仔数 8 ~ 10 头。代表品种有四川的内江猪、重庆的荣昌猪、云南等地的乌金猪等。荣昌猪是国内少有的全白品种，繁殖力不高，初产母猪窝产仔数 9 头，经产母猪 10 ~ 11 头，但瘦肉率相对较高。

6. 高原型

高原型猪种分布在青藏高原。猪体型小，嘴筒长、直，呈锥形、似野猪，四肢结实紧凑，蹄质坚实、善奔跑，被毛多黑色，鬃毛长而密，耐饥寒。繁殖力低，年产 1 胎，每胎 5 ~ 6 头，生长慢，较晚熟。代表品种是藏猪，具有抗逆性强、繁殖力低、晚熟的特性，初产母猪窝产仔数 4 ~ 5 头，经产母猪 5 ~ 6 头。

（二）地方猪种的生产性能特点

我国六个类型的地方猪种都属于脂肪型猪，从繁殖力、抗逆性、肉质、母性等方面表现出共同优点，而生长发育和饲料转化率方面则表现出共同的不足。

1. 繁殖性能

我国地方猪种以繁殖性能强著称，尤其是太湖猪早已在世界各国广泛引用。地方猪种大都表现出母猪性成熟早、排卵数多、产仔数高的特点。太湖猪、姜曲海猪、内江猪、金华猪、大围子猪、东北民猪等初情期平均 98.08 ± 9.7 d，平均体重 24.30 ± 3.5 kg，太湖猪的二花脸最早，初情期 64 d 龄和 15 kg；初产母猪排卵数 26 枚，经产母猪 28 枚。

2. 抗逆性

我国地方猪种的抗逆性强，地方猪对不良环境具有很好的调节适应能力，能适应各地气候及粗放饲养管理条件及疾病的侵袭。尤其是北方地区的猪种具有很强的抗寒能力，而南方地区的猪种则具有较强的耐热能力。

3. 胴体品质

我国地方猪种以肉质优良闻名于世，肌肉的失水率低、大理石纹适中、肌纤维细、肌内脂肪含量高，表现出肉色鲜红、肉质细嫩、滋味芳香的特点，肉质明显优于国外猪种。

4. 育肥性能

我国地方猪种普遍表现出增重缓慢、胴体重小和饲料报酬低等缺点。我国地方猪种产仔数高，但初生重较低、育肥期日增重显著低于国外猪种，生产速度缓慢、胴体重较小，育肥期延长、饲料报酬明显降低。但是，我国地方猪种表现出早熟、多脂、皮厚的特点，有利于特殊的乳（仔）猪利用途径。

三、正确的引种方法

种猪的品质高低，直接影响猪场的生产水平和效益。任何猪场在正常的生产中都要不断选择和淘汰种猪，维持种群的整体水平，以保持猪场的生产效益和经济效益。

目前，规模化猪场普通采用当地推荐的主导品种或配套系进行杂交利用，或进行杂交改良及杂交优势利用。各地在选择和引进猪种之前应明确引种的目的，制订科学的引种计划，采用正确的引种方法，方能达到预期效果。

（一）明确引种目的、指导引种计划

目前，我国各地猪场引进的国外猪种主要包括纯种猪、二元杂种母猪及配套系猪，引种的目的主要是生产种猪或者商品猪。

1. 种猪生产

从事种猪生产的猪场必须引进纯种猪。目前，主要是引种杜洛克、长白猪、大白猪，或者是 PIC 配套系猪，从事品种繁育或杂交利用，生产纯种瘦肉型猪或二元杂种猪，供当地或商品猪场利用。

2. 商品猪生产

从事商品猪生产的猪场可以引进纯种猪或二元杂种母猪。纯种猪用于杂交生产、生产二元杂种母猪，而二元杂种母猪则直接与杜洛克公猪或其他公猪杂交生产三元或四元商品猪。一般小型猪场直接引种二元杂种母猪，大型猪场可同时引种纯种猪和二元杂种母猪生产商品猪，供本场商品生产或出售给当地商品猪场利用。目前我国生猪规模化养殖发展迅速，专业分工明确。猪场采用这种自繁自养的模式具有成本低、品种纯正和整齐度高的优点，但是，生产周期长，见效慢。通常商品猪场直接从专门的繁殖场引进猪苗，直接从事商品猪的生产。

3. 制订引种计划

猪场在引种前需根据本场的引种目的，制订引种计划，明确引进猪种的品种、等级和数量，确定引种的猪场，以保证引进猪种的品质。

（二）正确的引种方法

1. 选择正规猪场引种

引种需从具有《种畜禽生产经营许可证》资质的猪场中，选择规模适度、种群品质好、信誉度高的猪场引种，禁止在疫区引种。按照《种畜禽调运检疫技术规范》（GB 16567—1996）进行检疫，由场家提供免疫记录和保健程序，保证引进种猪健康、优质。如果引种数量大，可分批次引种，保证在 20 周内全部到场。为保证引种猪源品质，引种猪场需提供系谱资料、检疫证明、饲料配方及饲养手册等，以便引种成功。

引进种猪标准、规格一致，根据引种数量分批选购标准一致的种猪，引进的种猪必须进行隔离饲养，观察种猪的健康状态和对当地的适应情况，并适时进行免疫接种。

2. 选择优质健康青年种猪

引进种猪必须对种猪的外貌进行个体选择，选择符合引进品种外貌特征、生产性能指标达到引入品种标准的个体，引入个体应选择 20 周龄前、健康的青年种猪。引进种公猪要特别注意选择雄性特征强、睾丸发育好、无单睾或隐睾的个体；种母猪应选择生殖器官正常、乳房发育良好的个体。选择个体时，应核实种猪系谱资料以及猪场整体的生长发育、繁殖性能等方面的生产记录资料，确保整个猪场的种群品质优良。

3. 种猪运输过程的准备

在运输引进种猪之前，应根据引种运输的种猪数量准备好运输工具（车、船等），检查运输工具并安装好猪栏。引种数量较多时应安装分格的猪栏，以免种猪之间相互挤压、造成损失。准备好种猪在运输过程中必需的饲养管理工具、饮水和饲料。装运之前，办理好手续以备查验。对运输工具和饲养管理工具进行彻底地清扫、洗刷和消毒处理后才能装载引进种猪，采用过氧乙酸或者火碱喷洒消毒；安装好运输途中种猪的饮水设备，可以安装自动饮水器及大水桶，在饮水中加入一些矿物质和多维，以减少长途运输带来的应激反应。同时，尽量保证平稳运输、减少路途停留时间，每过 3 ~ 4 h 查看猪群的状态是否正常。必要时，夏季可以冲水降温，冬季适当透气。

4. 引种前猪场的准备

引种前猪场需准备好隔离猪舍，以便引进种猪的隔离观察。进猪之前清扫、消毒隔离猪舍，待晾干后方能进猪。隔离猪舍应准备好饮水设备、运动场所，提前做好防暑降温和防寒保暖工作，调控好舍内的温度和湿度，准备好电解多维、口服补液盐、药物及饲料等，以减轻应激反应。最好从引进猪场购买一些全价料或预混料，准备一些青绿多汁的饲料，保证引进种猪在一周内逐渐适应。

5. 引种后的注意事项

根据《种畜禽调运检疫技术规范》（GB 16567—1996）的要求，引进种猪不能直接混入猪场的猪群饲养，必须单独饲养 30 d 左右，进行隔离观察和检疫。在隔离期间，每日早晚观察引进种猪在日常饲养管理中的表现是否正常，经过检疫和观察无异常后才能转入后备猪舍饲养。对于检疫不合格的猪，禁止合群。对于引种后不能适应当地饲养管理或应激反应较大的猪只，可以适当调整饲养管理，逐渐适应引入地的环境和饲养管理方式。

第二节　标准化猪场的繁育体系

生猪养殖是以杂交优势利用为最终目的的商品生产，随着规模化生产的发展，生猪养殖已形成严格分工又紧密合作的育种场、繁殖场和商品场相配套的杂交繁育体系。各个猪场的分工和合作，保持了繁育体系的完整和猪群结构的正常，构成了生猪养殖的重要基础；而种猪选择、培育，以及高效的杂交繁殖技术为生猪养殖提供了重要保障。

一、猪的杂交繁育体系

现代养猪业的杂交繁育体系主要是一种金字塔形的结构，形成包括育种场、繁殖场和商品场的三级杂交繁育体系或四级杂交繁育体系（增加一个杂交母本繁殖场）。杂交模式很多，经济杂交是获得杂交优势利用的主要方法。商品场的生产目的是追求经济效益最大化，普遍采用经济杂交，充分利用杂交优势，提高生产效益和经济效益。目前，生猪养殖主要是采用专门化品种或配套系开展杂交优势利用，养猪产业逐渐分化成以遗传改良为核心的育种场，以良种扩繁为中心的繁殖场，以及以商品生产为基础的商品场（生产场），进行专门化生产，有利于保持完整的杂交繁育体系，保证生猪养殖的高效、持续、稳定发展。全国各地推行主导品种的杂交优势利用及配套繁育技术，是各地生猪养殖得以持续发展的重要保障。

（一）建立健全的杂交繁育体系

采用二元杂交的地区需建立三级杂交繁育体系，采用三元、四元或配套系杂交的地区则需建立四级杂交繁育体系。

1. 三级杂交繁育体系

三级杂交繁育体系包括育种场、繁殖场和商品场，各个场站负责不同的任务，共同维持杂交繁育体系的正常运行。

育种场的主要任务是开展纯种选育，选择和培育杂交新品系，为繁殖场提供品种优良、基因纯正的纯种公母猪。繁殖场的主要任务是开展杂交亲本的纯种繁殖，为商品场提供纯种的杂交父本和母本种猪。商品场主要任务是开展终端父母本杂交，由育种场或繁殖场提供的终端父母本猪种进行杂交，生产杂种优势强大的商品猪直接用于商品生产，以获得最大的生产效益和经济效益，也可以出售商品猪苗，供当地其他猪场从事生猪养殖。

2. 四级杂交繁育体系

四级杂交繁育体系则包括育种场、繁殖场、杂种母猪繁殖场和商品场。与三级杂交繁育体系不同的是，需要在繁殖场的下面新增加一个杂种母本繁殖场，主要任务是负责进行杂交，为商品场提供优良杂种母本猪种（终端母本），再与专门配套的终端父本猪种进行杂交利用，以期获得更大杂种优势的商品猪。

（二）维持猪群的正常结构

健全的杂交繁育体系是生猪养殖的重要基础，保持猪群尤其是种母猪群的规模和比例是保持健全的杂交繁育体系的关键。种猪群结构呈典型的金字塔结构。由于猪群的正常选择和淘汰，为保证种群的均衡生产，种母猪群应保持老、中、青三结合，制订和执行猪群更新计划，保持科学的年龄结构、公母比例和数量结构，以维持种群较高的生产水平。

正常的母猪群由核心群、繁殖群和生产群（基础群）构成，核心群的规模保持在种群的 2.5%，核心群必须严格选育；繁殖群的规模保持在 11%；生产群的规模保持在 86.5%。一般初产母猪 15% ~ 17%、2 ~ 6 胎 70%、7 胎以上 13% ~ 15%。通常经过一胎产仔鉴定合格的种母猪称为基础母猪，包括空怀、妊娠和哺乳三个生产阶段。生产群基础母猪的比例因猪场性质而异，育种场和繁殖场应适当增加初产母猪的比例，以缩短世代间隔，商品场应适当增加基础母猪的比例。生产母猪群在 300 头以上的猪场可由种猪场引入或自繁自养后备母猪；生产母猪群规模小于 300 头的猪场不适宜自繁自养后备母猪。

商品场公母比例维持在 1 :（20 ~ 25）（本交）或 1 : 100（人工授精），利用年限 2.5 ~ 3 年。种猪场必须根据生产群母猪的规模、结构和更新计划选育纯种核心群，制订繁育培养计划和方案，保持良好的种群结构、年龄、公母比例和均衡生产。

公猪数量决定配种方式，采用本交的猪场公母猪比例保持在 1 :（20 ~ 30），采用人工授精的猪场公母猪比例保持在 1 :（150 ~ 300）。而在育种场和保种场公母猪的比例应保持在 1∶5，保证遗传基础广泛，避免近交退化。

二、种猪选育与杂交优势利用

（一）种猪选育

种猪选育是从遗传的角度改良提高种猪和商品猪。规模化猪场通过纯种选育、新品种或品系的形成、杂交优势利用等育种手段，提高养猪业的产量和品质，最终获得最大生产效益和经济效益。

根据我国现行的杂交繁育体系，育种场和繁殖猪场需要根据各自的任务严格把关种猪的选育，以确保为商品场提供达标的优良种猪，并能产生强大的杂交优势，提高商品场的生产效益和经济效益。商品场则需选择优良终端父母本种猪进行配套杂交优势利用，生产优良的商品猪，为生猪养殖提供商品猪苗。

1. 建立核心群

猪场应根据当地主导应用的杂交组合确定核心群。目前，规模化猪场主导的杂交组合为 DLY 或 PIC 配套系，猪场应根据选用的杂交组合组建相应品种的核心群，保证核心群种猪品质优秀、遗传基础广泛并具有适度规模。

2. 明确育种目标

育种的目标是以最少的成本获得最高的生产水平、获得最大经济效益。通常，育种场的核心群在制订育种目标时将日增重、饲料转化率、瘦肉率和肉质性质作为父系的重点选育目标，而将上述生产性能和繁殖性能作为母系的选育目标，提高父系、母系种群的遗传品质，以期通过杂交育种产生新品种（系）或配套杂交产生杂种优势强大的生产群，实现猪育种的最终目标。

3. 严格选育核心群

核心群主要是开展纯种选育，在建立核心群后必然进行闭锁选育，以期纯和、选择优良基因。但是，在闭锁选育过程中应注意控制近交系数，实行闭锁选育与导入外血相结合的纯种选育方法，以期取得良好的遗传进展，又可以避免近交退化。核心群必须加强选择，对于选育过程中性能表现较差的种猪应及时淘汰，以免影响核心群的选育效果。

4. 确定选育性状

根据育种目标确定种猪选育的性状。目前，我国规模化猪场种猪的选育性状主要包括以下几个重要的经济指标。

生长性状：日增重、饲料利用率。

胴体性状：瘦肉率、背膘厚、眼肌面积、肉质和风味。

繁殖性状：产仔数、仔猪初生重、泌乳力、母性。

外貌性状：毛色、头型、耳型、体长、肢蹄、腿臀。

（二）种猪的选择

1. 选种方法

各猪场在对种猪进行选择时，需对备选种猪的各项选育性状进行性能测定，根据各项性状的性能测定资料和留种数量进行选择和淘汰，常用的选种方法包括个体选择、同胞选择、后裔选择和综合多种亲属资料的 BLUP 育种值估计法。

2. 种猪的选择

种猪的选育包括断奶仔猪选择、后备种猪选择和种猪选择三个阶段。

（1）断奶仔猪选择：断奶仔猪选择是种猪选育的初次选择，仔猪体重 27 ~ 33 kg，仔猪尚未表现出胴体性能和繁殖性能，猪场只能根据断奶仔猪的外貌和生长阶段的性能进行选育，选择体质外貌符合品种标准、体长较大、肢蹄结实、断奶体重较大的优秀仔猪留作种用。初选留种数量远远大于最终留种数量，公猪是最终留种数量的 10 ~ 20 倍，母猪是最终留种数量的 5 ~ 10 倍。

（2）后备种猪选择：仔猪保育期结束至配种前，体重在 27 ~ 33 kg 至 100 kg 之间，需要测定生长发育和胴体性能，指导综合选择指数（I）后对个体进行评定。目前，主要是运用最佳线性无偏预测法估计后备猪达 100 kg 的日龄（EBV_{DAY}）和活体背膘厚度（EBV_{FAT}）的育种值，并将两者合并为选择指数，应用到猪群的选择。猪场可以根据初选仔猪的外貌、生长发育、胴体性能等进行选育，选择品种特征达标、体质结实、体长较大、肢蹄结实、日增重高、背膘厚度小、综合选择指数高的优秀仔猪留作后备种猪。后备种猪留种数量比最终留种数量多 15% ~ 20%。后备公猪要求睾丸发育良好，后备母猪要求外阴发育良好、乳头发育良好和排列整齐。

（3）种猪选择：种猪选择是根据母猪头胎和二胎繁殖记录资料，对母猪的繁殖性能进行种用价值测定的最后一个选育阶段。主要选择配种率、产仔数高的母猪留作种用，对于达标的母猪可以直接进入生产群。种公猪选择体质健壮、精液品质好、配种成绩好的公猪留作种用。淘汰体躯笨重、精液品质差、配种效果差、肢蹄受损和性情凶暴的种公猪。近年来，种猪群应激基因剔除关键技术——氟烷基因监测淘汰法的应用，对猪的应激综合征（PSS）的防范和肉质的改善发挥了重要作用。

种猪的选育是一个长期、持续的过程，只有保持持续、不间断的选育，才能取得明显的遗传进展，最终达到预期选育效果。

（三）杂交优势利用

种猪杂交选育的一个目的是通过杂交育种培育新品种或新品系，而另外一个目的则是杂交优势利用。生猪养殖的最终目的是充分利用杂交优势，发挥杂种后代在生活力、生长势和重要经济性状方面的优势，获得最大的生产效益和经济效益。目前，全国各地主要建立三级或四级杂交繁育体系，建立与杂交优势利用相配套的育种场、繁殖场，或杂种母猪繁殖场、商品场，广泛开展杂种优势利用，已经成为现代养猪生产的重要途径。目前，规模化猪场普遍采用 DLY 或 PIC 配套系杂交模式进行商品猪生产，最大程度地利用杂交优势，提高生猪养殖的生产效益和经济效益。

育种场重点进行纯种选育，为繁殖场提供优质种猪；繁殖场开展纯种繁殖和扩群，为杂种母猪场或商品场提供纯种优质杂交终端父本和母本种猪；商品场主要开展杂交繁殖，生产杂种优势强大的商品猪，供本场从事商品猪生产或出售配套杂种猪苗给其他生猪养殖场或农户。育种场应根据配套杂交的方式对杂交亲本进行重点选育，提高亲本种群的基因纯和度，提高种群遗传品质；加强父本和母本品种（系）生产性状特点的选择，突出父本品种（系）和母本品种（系）各自的性能优势，增加亲本之间的遗传差异；采用适宜的杂交方法，正确选择杂交组合，以便最大程度获得杂交优势。

第三节　标准化猪场的繁殖技术

生猪养殖是以杂交优势利用为最终目的的商品生产，建立和完善杂交繁育体系、加强种猪选育是生猪养殖的重要基础，而高效的繁殖技术是杂交繁育体系和种猪选育的基础。种母猪根据生理阶段分为后备母猪、妊娠母猪、哺乳母猪和空怀母猪几个繁殖阶段，母猪的发情鉴定、配种（人工授精）、妊娠、分娩、哺乳技术直接影响猪场的生产效益和经济效益；种公猪的精液品质、配种能力则影响母猪的受胎率、产仔数、窝重等繁殖性能；高效的发情鉴定、人工授精、妊娠鉴定、分娩和哺乳等繁殖技术是种猪保持较高繁殖能力的重要保障。

一、发情鉴定技术

了解公、母猪的生殖生理特点，掌握发情鉴定技术和配种技术可以有效地提高母猪的繁殖力，为生猪养殖提供更多更好的商品猪源。

（一）初情期、性成熟

1. 初情期

小母猪第一次发情、排卵或小公猪第一次射精时叫作初情期。这时小母猪或小公猪的生殖器官没有发育成熟，即使能排出成熟的卵子或精子也不能正常受孕，因此初情期不能配种。初情期的时间与品种有关，国内品种普遍比国外引进品种早一些，国内品种母猪 100 ~ 120 d、国外品种在 150 ~ 170 d，南方猪种比北方猪种早，母猪比公猪早。

2. 性成熟

当小母猪或小公猪的生殖器官发育成熟，能排出成熟的卵子或精子并且能够受孕时叫作性成熟。性成熟的时间因性别和品种而不同。公猪比母猪晚一些；地方猪种较早，大约在 3 ~ 4 月龄；外种猪较晚，大约在 6 ~ 7 月龄；杂种母猪大约在 5 ~ 6 月龄。此时配种母猪能够受胎，但是母猪的其他器官还处于生长发育阶段，因此不宜配种，以免影响利用年限、产仔数和仔猪的初生重。

（二）母猪的发情与排卵

1. 母猪的发情周期

母猪常年发情、无季节性；初情期早，国内品种母猪 100 ~ 120 d、国外品种在 150 ~ 170 d，断奶后 3 ~ 10 d 发情，发情周期为 16 ~ 25 d，平均 21 d，发情周期包括发情前期、发情期（发情持续期或发情中期）、发情后期和间情期（休情期），在发情期母猪一般持续 3 ~ 5 d 表现出发情症状，并且在出现发情症状后 36 ~ 40 h 排卵。根据发情周期可以提前做好发情鉴定的准备工作，根据母猪的发情鉴定的结果合理安排配种工作，以免漏配或误配。母猪的发情和排卵受品种、年龄、饲养管理等因素的影响。

2. 母猪的发情鉴定

发情（俗称叫食）是母猪性成熟后周期性的性活动表现，发情母猪在精神状态、行为举止和生殖器官等方面都有特殊表现，即发情征兆。猪场通常采用外部观察法和试情法对母猪群进行发情鉴定，根据母猪精神状态、行为举止和生殖器官的外部表现，结合压背或公猪试情对母猪进行发情鉴定，确定母猪的发情时间、预计母猪的排卵时间，以便合理安排配种时间。

发情前期大约持续 12 ~ 36 h，母猪在精神状态上表现出不安、兴奋、鸣叫，食欲减退，爬跨其他母猪，但不接受爬跨，外阴逐渐出现充血和肿胀，无黏液或极少，液体清亮。

发情期约持续 6 ~ 36 h，母猪集中出现发情症状，表现出食欲明显下降或完全不吃食，跑圈或跳圈，乐意接近公猪，接受爬跨，压背或试情时出现静立反射；外阴充血和肿胀明显，流出大量黏稠的可拉成丝状的黏液。

发情后期约持续 12 ~ 24 h，母猪的阴门充血肿胀逐渐消退，食欲恢复，不再接受公猪的爬跨。

间情期母猪的发情症状完全消失，行为正常、无交配欲，此期约持续 14 d。

发情检查耗时、耗力，但是猪场应对配种群每天进行 2 次发情检查。地方猪的发情表现明显，持续时间长，从初期到高潮，再逐渐消退大约持续 2 ~ 3 d，容易观察判断。外种猪发情表现不明显，持续时间短，不容易观察判断。当外种猪临近发情期时，要在早、中、晚仔细观察母猪阴户的变化，或者用试情公猪试情，才能准确判断是否发情及配种时间，以免错过一个发情期。目前，规模化猪场逐渐采用母猪智能饲喂系统，可以自动准确进行发情鉴定。

3. 母猪的排卵

母猪在发情持续期后就会开始排卵，大约在发情开始后 24 ~ 36 h 开始排卵，持续 10 ~ 15 h，先后排出 20 ~ 30 个卵子。由于卵子的存活时间较短，根据发情表现准确判断排卵时间，合理确定配种时间，有利于提高母猪的受胎率。

二、配种技术

（一）母猪的初配适龄及适时配种

1. 母猪初配适龄

母猪第一次配种的最佳年龄叫作初配适龄。母猪在性成熟后不要马上配种，需等到其他组织器官生长到一定程度再配种，以保证有较高的产仔数和初生重，并延长母猪的利用年限。因此，初配适龄比性成熟晚。通常，小母猪前三个发情期都不配种，到第四、五个发情期时，发情规律正常、发情征状典型，此时可以结合母猪的体重情况确定正式配种。地方母猪以 6 ~ 8 月龄、体重 50 ~ 60 kg，公猪以 7 ~ 8 月龄、体重 50 ~ 60 kg 初配为好；外种母猪以 8 ~ 10 月龄、体重 90 ~ 110 kg，公猪以 9 ~ 10 月龄、体重 120 kg 为好；杂种母猪在 6 月龄以上，体重达到 90 kg，大约第三次发情时就可以配种。

2. 适宜的配种时间

掌握适宜的配种时间是提高母猪受胎率和产仔数的重要因素。生产中应根据猪的品种、年龄及个体特点，结合母猪的排卵规律，注意观察母猪的发情表现，以确定最佳配种时间。当母猪发情高潮刚过，阴户的红肿开始消退、黏膜颜色由红变暗，阴道流出的黏液增多并变得浓稠，母猪神情呆滞，不避人，按压母猪腰部或试情公猪接近母猪时表现静立不动，甚至举尾抬臀等现象时是配种的最佳时间。而大多数外种猪发情不明显，要特别注意观察或用试情公猪每天早晚试情，既有利于掌握适宜的配种时间，又可对母猪进行催情。尤其是初配母猪有明显的效果。

根据母猪的排卵规律，母猪配种或输精的最佳时间是母猪排卵前 2 ~ 3 h 或是在静立反射后 12 ~ 36 h，地方猪种大多在发情的第二天或第三天配种最适宜；培育猪种及外种猪多在发情后的第二天；而杂种猪最好在发情后的第二天上午。就年龄来讲，老母猪发情时间短，宜提前配种；小母猪发情时间长，宜延长配种时间，宜在发情的第二天下午或第三天上午。即民间“老配早、小配晚、不老不小配中间”的配种经验。

（二）配种方式和方法

猪的配种方式包括单次配种、重复配种和双重配种，为了提高母猪的受胎率和产仔数，纯种繁殖场多采用重复配种的方式，在母猪的一个发情期内，用 1 头公猪间隔 8 ~ 12 h 重复配种 2 次或 2 次以上；而商品猪场则多采用双重配种的方式，用 2 头公猪间隔 5 ~ 10 min 分别与同一头母猪配种。

猪的配种方法包括本交和人工授精两种，规模化猪场普遍采用人工授精。

1. 本交

（1）公母猪的选择：小型猪场可以选用健康的公猪与母猪进行自由交配或人工辅助交配。配种应注意公母猪的体格差异，可以借助地势或辅助设施克服公母猪的体格差异对配种的影响，尽量减少大公猪配小母猪。

（2）配种时间：采用本交的猪场，配种时间宜选择在饲喂前后 2 h，严禁饲喂后立即配种，尤其是公猪，以免出现意外。夏季天气炎热时，宜在早晚天气凉爽时配种。

（3）配种场地：配种宜在安静、平坦、清洁的地点，远离公猪舍、靠近母猪舍。如果发情母猪不容易赶出圈，可抬起尾巴推出圈外，若推不出去，也可将公猪赶进母猪圈内配种，切不可粗暴对待公、母猪。

（4）配种方法：生产种用仔猪的猪场，常用同一头公猪间隔 8～12 h 与同一头母猪交配两次（通常是上、下午各配一次，或下午配一次，第二天上午配一次），第一次配种时间在首次观察到静立反射后 12～16 h；用于生产商品仔猪的猪场，可用不同品种的两头公猪或同一品种的两头公猪，间隔 5～10 min 分别与同一头母猪交配一次。如果配种技术把握得好，也可以只配一次。

（5）配种后的管理：不要硬把公猪赶下来，而应当将母猪向前赶，公猪就自然下来了；注意减少对母猪的刺激，以避免精液倒流降低受胎率，用手轻轻按压母猪的腰部，将母猪弓起的腰部压下去，可有效防止精液倒流，提高受胎率；禁止用水冲洗猪体，等公母猪休息一会儿后，再赶回圈。

2. 猪的人工授精技术

我国规模化猪场人工授精的比例超过 65%，大型规模化猪场更是超过 90%，人工授精技术的推广应用在养猪生产中发挥了巨大作用。一则大大减少了种公猪的饲养量，二则大大提高了优秀种公猪的利用率。人工授精技术主要包括采精、精液处理和输精三大技术环节。

（1）采精：目前常用的采精方法是徒手采精法。

采精前的准备：采精前必须对器具、物品、台猪、种公猪和人员进行清洁消毒，准备好人工授精的用具和经过清洁、消毒的集精杯、采精纱布或专用滤纸；采精人员穿好工作服，清洁双手、消毒并擦干，带上医用乳胶手套；将经过采精训练成功的公猪赶至台猪旁，用清洁擦布擦洗公猪腹部，用洗涤瓶冲洗公猪外生殖器，挤出包皮内尿液，用 0.1%的高锰酸钾溶液擦洗消毒公猪包皮和台猪后部。

采精方法：公猪爬上台猪后，采精人员蹲在台猪左（右）后侧，当公猪爬跨台猪并逐渐伸出阴茎时，采精人员将右（左）手手心向下、握成空拳导入阴茎，种公猪阴茎抽动 3～5 次、螺旋状阴茎龟头伸出手掌外时，采精人员手握住阴茎，不让其转动和滑脱，拇指（后小指）顶住阴茎龟头，其他四指则一紧一松有节奏地握住阴茎前端的螺旋部分，使公猪保持快感，促进公猪射精；待阴茎充分勃起向前伸时，顺势将其导出，保持标准手势，直至公猪射精。阴茎导出后，采精时应特别注意手势准确，手握的松紧程度以阴茎不滑脱为准，避免触碰到阴茎体，导出阴茎时切忌强拉。刚开始射精的 20 mL 的精液不收集，待公猪射出较浓稠的乳白色精液时，立即用另一只手将准备好的用采精纱布或专用滤纸覆盖的集精杯置于龟头斜下方 3 ~ 5 cm 处收集精液，收集精液过程中随时将纱布或滤纸上的胶状物丢弃。公猪射精完毕后，采精人员用手顺势将阴茎送入包皮中，防止阴茎接触地面受损和感染，轻轻将公猪赶下台猪，不得粗暴对待公猪。

（2）精液处理：采集的精液需进行一系列处理措施后才能对母猪进行输精。采精后应立即将精液放在 20 ~ 30℃的室内，置于 32 ~ 35℃的恒温水浴锅内，立即对精液进行品质评定、精液稀释和保存等处理，以免温度突然降低对精子产生低温打击。

精液品质评定：通过对精液量、颜色、气味、密度、竞争形态和精子活力六个指标的测定，综合评价精液的品质优劣，以便进一步对精液进行稀释和保存处理，确保母猪的受胎率。根据《种猪常温精液》标准（GB 23289—2009）的要求，原精液的精子活力大于等于 70%，精子畸形率小于等于 20%，外观为乳白色，无脓性分泌物，无皮毛等异物即达标。一般情况下，公猪的射精量约 150 ~ 250 mL，有的达到 500 mL，如果采集量低于 100 mL 则弃掉。主要精液品质的评定必须在 37℃的环境中进行，时间不超过 10 min，以免降低精液的品质和精子的活力。

精液的稀释：评价合格的精液需立即进行精液的稀释处理，以延长精子保存时间、便于运输和保存、扩大配种数量。稀释的倍数由精液的品质、待配母猪数量、配种时间和方法（是否运输和储存）决定。精子活力大于等于 0.8 的精液，稀释倍数按精液和稀释液 1∶2 稀释；精子活力在 0.8 以下、0.6 以上的精液，稀释倍数按精液和稀释液 1∶0.5 稀释；精子活力不足 0.6 的精液，则不能稀释，只能采用原精液，随取随用，不能进行储存。

稀释时，稀释液的温度应保持与精液一致，沿杯壁缓缓倒入原精液，同时轻轻摇匀。稀释后用玻璃棒蘸取一滴进行精子活率检查，确保精液品质达标后即可将精液分装成每头份 80 ~ 100 mL，标明公猪的品种、耳号、时间等信息，进行保存或输精。

精液的保存：精液在储精瓶内装满、不留空气、密封好，在 15 ~ 25℃的常温下放置 1 ~ 2 h 后，平放于 15℃恒温环境，可保存 48 h。

（3）输精（人工授精）：输精前需事先做好器具、母猪和输精人员的清洁消毒等准备工作。准备好检查合格的新鲜精液，常温保存的精液需升温到 35 ~ 38℃，升温 1℃/2min；输精人员带上医用乳胶手套，用 0.1%的高锰酸钾溶液擦洗消毒母猪的外阴和尾巴；在输精管前端的螺旋形体涂上液体石蜡，润滑输精管尖端。输精人员一手分开母猪的阴门，另一只手将输精管螺旋形体的尖端紧贴阴道背部插入阴道，先向斜上方插入 10 ~ 15 cm，再向水平方向插入，边插边逆时针方向捻转，边抽送边推进，约 30 ~ 50 cm 至螺旋体锁住子宫颈，此时不能推进且输精管轻拉不出，即可停止捻转插入。用玻璃瓶或塑料注射器抽取精液后与输精管连接，或储精瓶直接连接输精管，抬高储精瓶将精液徐徐推进，输精人员用另一只手有节奏地按摩母猪的阴门，至输精管内精液全部流完后，按顺时针方向将输精管缓缓取出。输精时，如遇精液倒流，应轻轻活动输精管，至输精管内精液全部流完；如遇母猪走动，应在母猪的腰角或身体下侧进行温和刺激，有助于母猪安静地完成输精。输精完毕，用力拍打一下母猪臀部，防止精液倒流。母猪在输精场安静休息 20 min 左右后，方能慢慢将母猪赶回，并填写好输精配种记录，并及时清洁消毒输精器械，以备下次使用。

三、妊娠诊断技术

（一）早期妊娠检查

妊娠是母猪繁殖活动中非常关键的一个阶段，生产中我们希望尽早了解母猪配种后的受孕情况，以便合理安排生产。通常，各猪场在配种后 1 个发情周期对配种母猪进行早期妊娠检查，如果母猪受孕则准入妊娠舍，以便合理安排妊娠母猪的饲养管理，以免对受孕母猪配种造成流产；如果母猪没能受孕，则及时安排下一个发情周期的发情鉴定和配种工作，以免漏配、造成损失。饲养人员应在母猪配种后 21 d 之内加强对母猪的观察，或者采用相应仪器设备对配种母猪进行准确的早期妊娠检查。

（二）妊娠鉴定的方法

母猪妊娠鉴定的方法主要是采用观察法、超声波测定法，安装了母猪自动饲喂系统的猪场则可以自动进行鉴别。

1. 观察法

观察法主要通过看发情症状、观察行为和猪体表现等方式综合判断配种后的母猪是否妊娠。根据母猪的发情规律，首先看母猪是否出现发情症状。母猪的发情周期平均 21 d，如果母猪配种后一个发情周期都没有出现发情症状，则可以推断母猪已经受孕。其次，观察母猪的行为，如果母猪配种后表现安静、疲倦、嗜睡、不动、性情温顺、行动缓慢、食欲逐渐增加，则可以推断母猪已经妊娠。最后，注意观察猪体表现，如果母猪配种后膘情好转，皮毛光亮，尾巴自然下垂，阴户收紧，腹围逐渐增大，则可以推断母猪已经妊娠。

通常根据上述 3 个方面的综合观察，基本可以确定母猪是否妊娠。个别母猪在配种后 20 多天可能会出现假发情，发情表现不太明显，时间短，精神略有不安，但是食欲不减，并且拒绝公猪爬跨。如果母猪采食后，不睡觉、精神不安、阴户肿胀，说明母猪没有配上，应当及时补配，以免漏配，也可以用超声波进行鉴定。

2. 超声波鉴定法

超声波鉴定法是利用超声波妊娠诊断仪对配种母猪进行检查，判断母猪是否妊娠的诊断方法。首先在母猪后腹侧底部（最后乳头上方 5～8 cm）涂抹植物油，将超声波妊娠诊断仪的探头紧贴于测量部位。如果诊断仪发出连续声响，则母猪已经妊娠；如果诊断仪发出间断声响，并且反复调整探头方向和方位后，仍不发出连续声响，则说明母猪没有妊娠。目前，许多规模化猪场普遍采用超声波测定法对母猪进行早期妊娠鉴定，其准确性高，是高效繁殖技术的重要手段之一。一般配种后 21 d 的诊断准确率达 80%，而 40 d 后的诊断准确率为 100%。饲养管理人员应根据诊断的结果，及时调整饲养管理或安排观察发情表现，准备再次配种。

四、分娩技术

妊娠母猪是种猪繁殖的重要生理阶段，分娩是种猪繁殖的关键时刻，母猪分娩往往在半夜或凌晨。猪场应加强妊娠、分娩母猪的饲养管理，提前安排好母猪的接产准备工作，有利于提高母猪的产仔数和断奶成活率。

（一）推算预产期

母猪的妊娠期平均是 114 d，大概在 110～120 d，妊娠舍的饲养管理人员应根据配种记录，提前推算预产期，有助于做好妊娠母猪的饲养管理，合理安排接产准备工作，提高仔猪的成活率。通常是在母猪配种日期上加上 3 个月零 24 d，就是母猪的预产期。由于品种、年龄、胎次、营养和胎儿等因素的影响，往往会提前或延后几天，猪场应在预产期前一个星期做好各项准备工作，安排值班人员，注意观察母猪的临产征兆，以保证母猪的顺利生产。

（二）临产征兆

母猪妊娠 100 多天后，就要产仔了，这段时间母猪的生理和行为举止会发生一系列变化，即临产征兆。生产中应在产前 15 d 左右，开始注意观察母猪的临产征兆，以便安排接产工作。母猪的临产征兆主要表现在以下三个方面。

1. 乳房的变化

产前 10 多天，母猪腹部松弛，乳房开始由后向前逐渐增大、下垂，乳房基部在腹部隆起，呈两条带状。产前 4 ~ 5 d，两侧乳头向外开张呈“八”字形，乳房皮肤呈潮红色；阴门松弛变软变大，尾根两侧塌陷。到产前 2 ~ 3 d，前排乳头可挤出清亮乳汁；如果挤出的乳汁由前向后变得浓稠时，则 6 ~ 12 h 就要产仔了；如果最后一对乳头能挤出乳汁时，则 4 h 内即将产仔，若挤出的乳汁浓稠像穿箭一般，那么母猪即刻就要产仔。但是，个别母猪要在产仔后才有乳汁分泌，因此要结合其他临产征兆准确判断分泌时间。

2. 外阴部的变化

产前 3 ~ 5 d，母猪的阴户开始松弛、充血、肿大，颜色由红变紫。由于骨盆开张，尾根两侧凹陷。产前 2 ~ 5 h，母猪频频排粪排尿；产前 0.5 ~ 1 h，母猪卧地，出现阵缩，阴门流出淡红色黏液（羊水）。此时，接产人员应准备好所有接产物品，准备接产。

3. 行为举止变化

产仔当天，母猪食欲减退，行动不安；产前 6 ~ 12 h，母猪突然停食、呼吸加快、烦躁不安、来回走动、时起时卧；表现出衔草做窝现象或前肢做出拾草动作；有人在其旁边时，母猪发出“哼哼”声。

（三）产前准备

1. 准备好产房（分娩栏舍）

母猪在预产期前 1 周转入产房或分娩哺乳舍，猪场需提前做好产房的准备工作，并保持产房清洁、干燥、温暖。首先对产房进行清洁消毒。提前将圈舍打扫干净，检修产房设备，用 2%火碱溶液或其他消毒液对圈舍进行全面的消毒，晾干备用。

其次，保持产房适宜的环境。最后将温度保持在20～22℃，将湿度控制在65%～75%，夏季注意防暑降温，冬季注意防寒保暖。

2. 母猪的清洁消毒

在母猪转入产房前应对母猪全身进行刷洗、消毒，以减少产后仔猪下痢的发生。待母猪出现临产征兆时，还需用2%～5%的来苏儿溶液或0.1%高锰酸钾溶液对母猪腹部、乳房、阴户周围进一步消毒。同时，用3%的火碱溶液对产房栏舍和地面进行拖擦消毒后再水冲，同时做好接产准备。采用高床分娩的猪场应打开后门，接产人员蹲或站在母猪后侧进行消毒和接产准备。

3. 接产器具的准备

母猪产前应做好接产器具的清洁消毒工作。母猪出现临产征兆时，应准备好接产用的器具、药品和保暖设备。如接产用的手术剪、止血钳、打牙钳、结扎线、干燥的毛巾等接产器械，催产素、碘酊、酒精、猪瘟疫苗、预防下痢和消炎的药物等，保温箱、保温灯、铺垫麻袋等保暖设备，并保证保暖箱内干燥、温暖。

（四）人工接产与助产

分娩是母猪围产期最重要的环节，现代猪种常因接产和助产不专业、责任心不强，导致母猪分娩时出现产程延长、难产，甚至死亡。正常情况下，母猪在2～4 h内完成产仔活动，间隔10～20 min产下一头仔猪。产仔完毕后，约0.5 h排出胎衣。

1. 接产技术

正常情况下，接产人员需提前做好各项准备工作，全程观察监控母猪分娩过程，并及时对新生仔猪进行护理。

首先，擦净鼻孔。母猪产出仔猪后，接产人员用手指掏出仔猪口、鼻中的黏液，观察呼吸是否正常。如果仔猪包在胎衣里，应立即撕破胎衣，以免仔猪窒息死亡。其次，处理脐带。将脐带内的血液向仔猪腹部方向挤压，在离腹部3～4 cm处剪断或掐断脐带，并用碘酒消毒断头。若断脐时流血过多，可用消毒的线结扎或用手指捏住直到不出血为止。断脐后，用抹布擦干身体并称重，准备种用的还需进行编号，做好记录后，及时放入保温箱。

2. 助产措施

一般情况下，母猪可以自己完成产仔活动，有时母猪也会出现产程太长（两个胎儿的产出时间间隔太长）和难产的情况。正确判断和处置产程过长与难产，适时采用人工助产措施，将会大大提高仔猪的成活率。

（1）产程过长与难产：产程过长是由于母猪分娩力不足，胎儿停留在子宫内而没有进入产道。母猪往往表现出精神差、体力不支、无阵缩等现象。难产是由于母猪产道异常、胎儿过大、羊水减少等原因导致胎儿进入产道后不能正常娩出。母猪往往表现出紧张、惊恐、疼痛，母猪仍然有怒责而不能娩出胎儿等现象。生产中需准确区分产程过长和难产两种情况，才能采用相应助产措施，提高仔猪成活率。

（2）人工助产：如果母猪分娩时表现出烦躁、极度紧张，产仔间隔在 45 min 以上，则必须采取人工助产。助产人员首先用酒精或洗必泰对母猪后驱和阴门进行清洗和消毒，修剪、清洗、消毒指甲，清洗、消毒手臂，涂抹润滑液，或者清洗手并带上直检手套和乳胶手套，在手套外面涂抹酒精或洗必泰，以润滑手套。将戴上手套的手轻轻、慢慢地深入阴道，摸索胎儿的头或后腿，并慢慢将胎儿拉出。人工助产后需连续 2 ~ 3 d 滴注或肌注消炎药，1 ~ 2 次/d，有利于防止产道感染。

母猪产程太长时，如果母猪无强烈怒责，则胎儿基本无生命危险。如果母猪连续长时间怒责，而无胎儿产出，则产道内可能有较大的胎儿滞留，此时应人工助产，拉出胎儿。当拉出胎儿后，母猪开始正常分娩，则不必再助产。如果母猪曾强烈怒责，但后面一个胎儿并不立刻产出，则胎儿可能窒息死亡。助产人员应将手臂及母猪外阴消毒后，将胎儿掏出来，或者注射催产药物，将胎儿及时排出来。母猪出现难产时应及时进行催产或难产手术。

3. 产后仔猪的护理

母猪分娩后需加强初生仔猪的护理，包括初生仔猪的处理及假死仔猪的急救等。

（1）初生仔猪的处理：胎儿产出后，首先掏净仔猪口鼻的黏液，用准备好的擦布或毛巾擦干全身的羊水。其次进行断脐处理。先将脐带内血液往腹部挤，用细线在距腰部 3 ~ 4 cm 处扎紧脐带，剪断脐带并用碘酒消毒。然后立即称重，记录个体重或窝重，之后置于保温箱内保暖，并根据母猪分娩情况尽快安排吃初乳、剪犬齿、断尾、打耳号、免疫等处理。吃初乳需在 1 ~ 2 h 内完成，早吃、吃足初乳有利于保证初生仔猪获得免疫力，防止仔猪腹泻和其他疾病。剪犬齿需在仔猪出生当天或第 2 天剪去 4 颗犬齿，剪净或剪短 1/2。可以有效防止仔猪咬伤母猪乳房，造成母猪乳腺炎。断尾有利于预防咬尾。用专用断尾钳在距尾根 3 ~ 5 cm 处剪断，用碘酒消毒断尾处。也可用钝型钢丝钳在尾的下 1/3 处、间距 0.3 ~ 0.5 cm 连续钳两次，钳断尾骨和尾肌，皮肤压成沟，7 ~ 10 d 后尾巴自然干枯脱落。留种用的仔猪还需打耳号，规模化猪场通常采用耳标，以便种用性能的记录。各猪场需制订和实施免疫程序，填写免疫记录登记表（详细内容参考本书第六、七章相关内容）。

（2）假死仔猪的急救：有的仔猪生下后没有呼吸或生下后挣扎几下就不动了，这就是通常所说的假死仔猪，对于假死仔猪应采取如下方法立即救治：

一是将仔猪口鼻中黏液擦去，倒提仔猪，用手轻轻拍打猪的胸部直到猪发出叫声。二是将假死仔猪四肢朝上，一手托住肩背部，一手托住臀部，两手伸屈仔猪，有节奏地按压仔猪胸部，直到仔猪恢复呼吸并发出叫声。三是向仔猪鼻孔内吹气或用药棉蘸上酒精、碘酒或白酒等刺激性药液涂抹仔猪的口鼻，使仔猪恢复呼吸。

第五章　猪的饲料与日粮配制技术

第一节　猪的消化生理及营养需要特点

一、猪的消化生理特点

猪的消化是饲料在通过猪的各段消化道时，经物理、化学和微生物的消化作用而被猪体吸收和利用，未被消化、吸收的部分则以粪尿等形式排出体外。猪对饲料的消化包括消化和吸收两个过程。

（一）猪的消化和吸收

1. 猪的消化形式

猪的消化形式包括物理、化学和微生物消化 3 种。

（1）物理消化：物理消化是饲料通过口腔的咀嚼、胃壁和肠壁的运动，使饲料的外形变小，和消化液接触更充分。物理消化只改变了饲料的物理形态，而没有改变饲料的化学结构和成分，但有利于饲料进一步的化学消化和微生物消化。

（2）化学消化：化学消化是饲料在通过消化道时，在特定的酶的作用下，改变了饲料中各种养分的化学结构和成分，使之降解为可以被吸收和利用的小分子物质的过程。化学消化是猪饲料消化的主要形式，消化的主要位置在小肠。

（3）微生物消化：微生物消化是在微生物的作用下，对饲料进行发酵分解，形成可以被吸收利用的小分子物质的过程。微生物消化可以降解饲料中的纤维素和半纤维素，提高猪对粗纤维的消化率。由于猪体内缺乏消化粗纤维的酶，猪的微生物消化作用很弱，吸收非常有限，不是猪饲料消化的主要形式。

猪属于单胃杂食动物，其消化表现出以消化道各段的物理消化为基础，以小肠的化学消化为主，以大肠的微生物消化为辅的特点。从口腔到大肠，3 种消化方式相辅相成，保持猪的正常消化的特点。生产中需要根据这一特点，科学选择和配合饲料，以提高饲料转化效率，提高养猪的生产效益和经济效益。

2. 猪的吸收形式

经过消化的小分子物质可以经过猪的消化道上皮细胞进入血液或淋巴，通过细胞的胞饮（吞）、被动吸收和主动吸收 3 种方式实现养分的吸收和利用。

（1）胞饮（吞）：胞饮（吞）主要是初生仔猪对初乳中免疫球蛋白等大分子物质的吸收形式。仔猪的消化道上皮对大分子物质的吸收有非常大的差异，出生 24～36 h 内仔猪依赖肠黏膜上皮的胞饮作用，直接吸收初乳中的免疫球蛋白，以获取抗体获得免疫力。因此，早吃初乳，对初生仔猪获取抗体、提高成活率具有十分重要的意义。

（2）被动吸收：被动吸收主要是经过猪消化道上皮的滤过、扩散和渗透等作用，已经消化的一些小分子物质主要在小肠壁经血管和淋巴被吸收的过程。这种吸收是自主进行的，不消耗能量，是猪养分吸收的重要途径。但是，猪的被动吸收不彻底，必须配合主动吸收才能实现养分的充分吸收。

（3）主动吸收：主动吸收主要依靠消化道上皮细胞的代谢活动，将消化道内的养分主动转运到血管或淋巴管内，实现养分的吸收和利用。主动吸收是一种需消耗能量的吸收途径，还需要细胞膜上载体的协助。主动吸收是动物吸收营养物质的主要途径，绝大多数有机物的吸收依靠主动吸收完成。

猪的养分吸收的主要形式是主动吸收，初生仔猪的胞饮吸收对提高仔猪成活率具有非常重要的作用。猪消化道大都可以吸收水和无机盐，而小肠是养分吸收种类最多、吸收面积最大和吸收数量最多的部位。因此，猪的养分吸收的主要部位在小肠。

（二）猪的消化特点

1. 口腔的消化

猪口腔中具有物理消化和微弱的化学消化作用。饲料经口腔的咀嚼磨碎后便于与唾液充分混合，形成食团利于吞咽。由于猪的唾液中含淀粉酶，可将淀粉分解为糊精和麦芽糖，有利于进一步的消化。然而，饲料在口腔中停留时间短，口腔的化学消化作用非常微弱。

2. 胃的消化

猪胃是储存、浸泡、软化食物的主要场所，具有物理消化和初步化学消化作用。

口腔中的食团经食道而进入胃。胃壁有节律的收缩蠕动使胃内容物充分搅拌混合，有利于饲料进一步的化学消化。胃壁能分泌大量胃液，胃液主要包含主细胞分泌的大量胃蛋白酶或凝乳酶（初生仔猪）和少量脂肪酶，以及壁细胞分泌的盐酸。这些分泌物（胃液）与食物充分混合，使食物软化形成糜状物，并被进一步消化。

胃液因大量盐酸而呈强酸性，这种酸性环境有利于胃内的胃蛋白酶发挥对蛋白质的初步消化作用，使饲料中的真蛋白质在胃中经胃蛋白酶降解为朊 和胨。之后随食糜一道进入小肠进行彻底的化学消化，猪采食的饲料蛋白质有相当大一部分是由胃蛋白酶所分解。

凝乳酶可使乳中的酪蛋白凝固，猪胃液也具有强烈的凝乳作用。初生仔猪的胃液含有凝乳酶，可使进入仔猪胃内的乳汁凝固，有利于蛋白酶对乳汁的进一步消化分解。

猪胃液中的盐酸在消化过程中具有重要作用。盐酸可激活胃蛋白酶原，促进蛋白质的分解，还可使蛋白质膨胀变性，有利于蛋白酶的分解作用，促进蛋白质的消化；盐酸还有杀菌特性，在胃内亦可防止食糜腐败。

胃液中虽含有少量脂肪酶，但是由于酸性环境限制了脂肪酶的消化作用，因而饲料中的脂肪不能在胃脂肪酶作用下分解为甘油和脂肪酸。猪的胃液中不含消化糖类的酶，猪胃对糖类没有消化作用。饲料经过胃的物理和化学消化后形成糜状物，在胃的收缩和蠕动作用下，经幽门进入小肠，进行主要的消化阶段。

3. 小肠的消化

小肠是猪消化道中最长的器官，由十二指肠、空肠和回肠三部分构成。食糜在小肠停留的时间最长，各种养分主要在此被消化和吸收。

小肠壁的肌肉交替收缩和舒张引起小肠产生蠕动、逆蠕动、分节和钟摆运动，借助小肠的物理消化作用使食糜与消化液充分混合以利于化学消化，促使食糜在肠道内的移动，使已消化了的养分与肠壁充分相接触以便吸收。

小肠的化学消化作用在整个消化过程中占有十分重要的地位。猪的主要消化腺肝脏和胰腺都开口在十二指肠，使小肠液中汇集了各个消化器官分泌的各种消化酶。胰液、胆汁和肠液都呈碱性，可以综合胃液的酸性，激活多种消化酶的活性，使小肠具有了消化各种养分的良好条件。食糜进入小肠后，各种养分可以在小肠中特定消化酶的作用下进行全面、充分、彻底地消化和吸收，最终将饲料中的糖类、粗蛋白和粗脂肪等养分分解成可以被肠壁吸收的小分子物质。

食糜进入小肠后，糖类是在胰淀粉酶、乳糖酶、麦芽糖酶等的作用下发挥化学消化作用，将糖类分解为葡萄糖被吸收；而在胃中未被分解的蛋白质以及朊 和胨，则在胰蛋白酶、糜蛋白酶、羧基肽酶、氨基肽酶及肠激酶等作用下发挥化学消化作用，将蛋白质、䏡和胨分解成氨基酸和小肽被吸收；脂类则在胆汁、胰脂肪酶和肠脂肪酶的作用下发挥化学消化作用，将脂类分解为脂肪酸和甘油被吸收。剩余的在小肠内未被消化的物质则随小肠的蠕动进入大肠。

4. 大肠的消化

大肠是猪消化道的末端，包括盲肠、结肠和直肠三部分。未被小肠消化吸收的食糜随着小肠的运动移至大肠后，在大肠的前端完成营养物质和水分的吸收，并进行微生物消化。猪的微生物消化主要在盲肠和结肠进行，大肠内的细菌可将纤维素酵解为挥发性脂肪酸和二氧化碳，挥发性脂肪酸可以被吸收，二氧化碳经氢化变为甲烷由肠道排出；猪盲肠内还有酵解淀粉的丁酸梭菌、酵解糊精和麦芽糖的肠球菌和乳酸菌等微生物，微生物酵解作用产生的己糖可继续分解为丙酮酸和乳酸，后者可进一步分解为挥发性脂肪酸。

虽然大肠内的环境（温度、酸碱度和营养条件等）适于微生物的生存和繁殖，大肠内有大量的乳酸杆菌、链球菌、大肠杆菌和少量其他细菌，可以利用微生物产生的纤维素酶进行微生物消化。但是，猪的微生物消化作用比较弱，肠壁吸收养分的主要位置是在大肠的前端，且主要是对水盐进行吸收。因此，猪大肠对三大养分的消化和吸收作用非常小。

二、猪的营养代谢特点

（一）猪对糖类的消化代谢

猪对糖类中的淀粉和粗纤维的消化程度差异很大，所采食的淀粉其总量的 90%可被消化，而粗纤维只能消化 10%左右。

1. 猪对淀粉的消化代谢特点

淀粉主要经小肠的化学消化作用产生葡萄糖被小肠壁吸收，经血液运输到肝脏。大部分葡萄糖用于氧化供能，少部分用于合成肝糖原和肌糖原，哺乳母猪还可以合成乳糖；过多的葡萄糖还可合成体脂肪，暂时储存能量。未被消化的淀粉及未被吸收的葡萄糖由小肠进入大肠后，受细菌的微生物消化作用而产生挥发性脂肪酸（乙酸、丙酸和丁酸）及气体，挥发性脂肪酸可被肠壁吸收，进入肝脏被猪体利用，其他的则从肛门排出。

2. 猪对粗纤维的消化代谢特点

粗纤维在结肠和盲肠中，经微生物消化作用下而分解成挥发性脂肪酸和二氧化碳等，挥发性脂肪酸进入肝脏被猪体利用，二氧化碳经氢化作用后以甲烷形态由肠道排出；乙酸可氧化分解释放出能量，分解产生的二氧化碳由肺脏呼出，乙酸还可作为形成体脂肪的原料；丙酸可在肝脏供作合成糖元的原料；丁酸需先分解为乙酸而后被机体利用。但是，猪对粗纤维中消化利用的养分非常少。

猪可以大量利用饲料中的无氮浸出物，而对粗纤维的利用很低，尤其是品质较差的饲料中的粗纤维，不但不能提供猪所需要的能量，甚至会出现能量代谢负值，影响饲料的转化效率。因此，必须注意控制猪日粮中粗纤维的含量，以免降低饲料的转化效率。

（二）猪对粗蛋白的消化代谢

饲料中的粗蛋白包括真蛋白和非蛋白氮两类，猪对真蛋白的消化率较高，而对非蛋白氮的消化利用率非常低。猪对饲料中粗蛋白大致可消化 75%～90%，对羽毛粉等少数饲料的粗蛋白消化率仅 25%。

1. 猪对真蛋白的消化代谢特点

饲料中的真蛋白主要经小肠的化学消化作用产生大量氨基酸和少量寡肽，经小肠黏膜上皮细胞吸收后，主要用作合成体蛋白；倘若氨基酸有多余时，则经脱氨基而释放出氨，并在肝脏中形成尿素随尿排出体外（部分氨基酸不经脱氨基直接由尿排出）。氨基酸脱氨基后余下的无氮部分可转变为糖，并进一步合成脂肪沉积于体内，或氧化分解为水和二氧化碳，同时释放出能量。饲料蛋白质作为能量利用，既增加了饲料成本，又不利于猪体健康，生产中应尽量避免。

2. 猪对非蛋白氮的消化代谢特点

饲料中的非蛋白氮可以在大肠中经细菌的微生物消化作用合成少量菌体蛋白，但来不及被消化和吸收，最终绝大部分还是随粪便排出。

猪能够大量利用饲料中的蛋白质，对非蛋白氮的利用很低。因此，饲料蛋白质中氨基酸的种类是否齐全、比例是否合理直接影响饲料蛋白质的利用率，决定了猪饲料的蛋白质营养水平高低。生产中应特别注意饲料粗蛋白和氨基酸的组成，平衡日粮的氨基酸，改善饲料粗蛋白的品质，以提高饲料粗蛋白的转化效率。

3. 猪对饲料蛋白质品质的要求

氨基酸包括必需氨基酸（EAA）、非必需氨基酸以及限制性氨基酸。必需氨基酸必须由饲料来供给或补充，成年猪包括赖氨酸、蛋氨酸、色氨酸、苯丙氨酸、亮氨酸、异亮氨酸、缬氨酸、苏氨酸 8 种必需氨基酸；生长猪的必需氨基酸，除上述 8 种外，还包括精氨酸和组氨酸。限制性氨基酸则会影响其他氨基酸的吸收和利用，造成氨基酸的浪费。玉米豆粕型日粮，赖氨酸和蛋氨酸是第一和第二限制性氨基酸，养猪生产中应特别注意这两种氨基酸的含量和比例。另外，氨基酸之间存在复杂的转化和拮抗关系，易导致氨基酸的缺失或过量。因此，充分满足猪对氨基酸，尤其是限制性氨基酸的营养需求，避免由于限制性氨基酸的缺乏而导致蛋白质营养的失衡和蛋白质利用率的下降。

养猪生产中常通过饲料配合多样化、补充氨基酸添加剂、合理供给蛋白质、注意日粮的蛋白能量比、控制日粮中粗纤维的比例、保持适当的蛋白质水平、保证与蛋白质代谢有关的维生素和微量元素的供应，以及合理的饲料加工调制等手段，改善饲料蛋白质的品质，提高猪对饲料蛋白质的转化效率。保持饲料蛋白质的氨基酸种类齐全、比例的平衡，是提高饲料粗蛋白转化效率的重要保证，专业化的饲料配合是解决猪对蛋白质和氨基酸营养需要的有效途径。

（三）猪对粗脂肪的消化代谢

猪对饲料中粗脂肪的消化在 20% ~ 90%，但对谷实和动物性饲料的脂肪的消化率稳定在 70% ~ 80%。饲料中的粗脂肪主要在小肠的化学消化作用下分解成脂肪酸和甘油，然后与胆酸盐相结合，成为可溶于水的复合物由小肠壁吸收，进而沉积于猪体内构成体脂肪，也可以氧化释放出能量供机体生理活动的需要。

构成脂肪的脂肪酸有 100 多种，分为饱和脂肪酸和不饱和脂肪酸两类，脂肪酸的构成影响体脂和饲料脂肪的性质。饱和脂肪酸越多，其硬度越大、熔点越高、体脂品质越好，饲料脂肪易于保存；反之，体脂品质差，饲料不易保存。猪不能将不饱和脂肪酸经过细菌的氢化作用转化为饱和脂肪酸，饲料的脂肪性质直接影响猪体脂肪的品质。因此，养猪生产中应注意饲料脂肪的特性，避免饲料脂肪变质和体脂品质下降。

不饱和脂肪酸中的亚油酸、亚麻酸和花生油四烯酸都是动物的必需脂肪酸，动物不能合成，只能由饲料供给，称为必需脂肪酸。必需脂肪酸缺乏易引起皮肤病变、脂肪代谢和种猪的繁殖性能，生产中必须考虑从饲料中获取必需脂肪酸。其中，亚油酸必须由饲料供给，亚麻酸和花生油四烯酸可由饲料直接供给，也可由亚油酸在体内转化合成。因此，猪的日粮配合时通常只考虑亚油酸的供给。添加油脂还能显著提高生产性能并降低饲养成本。断乳仔猪饲料中加入 8%大豆油脚，可提高增重 17.6%，每千克增重节省饲料 12%；妊娠期和泌乳期母猪饲粮中添加油脂，可增加经产母猪的产奶量，提高初产和经产母猪的乳脂含量并提高仔猪成活率和生长率。

（四）猪对矿物质的消化代谢

矿物质存在于动物体的各种组织中，广泛参与体内各种代谢过程，虽不提供能量、蛋白质和脂肪，但缺乏时会导致猪的生长受阻，甚至死亡。常规饲料原料不能完全满足猪对各种矿物质的需要，必须人工添加，通常采用矿物质饲料或微量元素添加剂来补充猪对矿物质的需要。矿物质元素之间、矿物质与蛋白质和维生素之间存在复杂的关系，矿物质添加剂的形式、添加时间和剂量等都将影响猪的生长，采用专业化的饲料配合是解决猪对矿物质营养需要的有效途径。

（五）猪对维生素的消化代谢

维生素是维持猪正常生理功能所必需的低分子有机化合物，可以直接被吸收。维生素既不提供能量，又不构成组织器官，而作为生物活性物质，在猪的代谢中起调节和控制作用，可促进能量、蛋白质及矿物质等营养的高效利用。动物缺乏维生素将导致特异性缺乏症，可能导致猪的生长和生命活动异常；维生素过量，会导致中毒甚至死亡。维生素分为脂溶性维生素和水溶性维生素两大类。脂溶性维生素包括 A、D、E、K，水溶性维生素包括 B 族、C 和胆碱。现代养猪生产，添加维生素不仅用来预防或治疗某种维生素缺乏症，而且作为饲料中的必需营养成分来保证猪体健康，促进其生长和繁殖，增强抗病或抗应激能力，提高产品的产量和质量，增加养殖业的经济效益。通常需要补充维生素 A、维生素 D_3、维生素 B_{12}、烟酸、泛酸和胆碱，为了防止应激和亚临床缺乏症，可添加维生素 E、维生素 K、维生素 B_6 和生物素。维生素的需要量微小，受猪的年龄、生理阶段、健康、营养状况、生产水平、环境等因素的影响。因此，专业化的饲料配合是解决猪对维生素营养需要的有效途径。

（六）猪对水分的消化代谢

水分是猪营养需要的基本成分，水既是猪体的结构的组成成分，又是一切生化反应的重要场所，也是构成猪体基本生命活动必需的重要环境。猪缺水将导致猪的生长减缓，甚至停止，严重时会危害猪的生命。

综上所述，猪饲料中的糖类、粗蛋白和粗脂肪是供给猪生命和生产活动的主要养分来源，三类养分都可以参与氧化供能。而矿物质、维生素和水分也是控制和调节猪正常代谢的重要养分。猪的营养受饲料和动物的因素影响较大，了解猪的营养需要和猪的消化代谢特点，科学选择和配合饲料，才能全面满足猪的营养需要，提高饲料的转化效率，提高养猪生产的生产效益和经济效益。

三、猪的营养需要与饲养标准

生猪养殖是以体重增加为目的的生产形式，饲料占生猪养殖成本的65%左右。针对不同品种、年龄和生理阶段猪对养分的需求特点，根据猪的营养需要和饲养标准，合理选择和配合饲料，提高饲料的转化效率是生猪养殖获得最大生产效益和经济效益的关键所在。

（一）猪的营养需要

营养需要是指猪达到一定生产水平时，每天对能量、蛋白质、氨基酸、矿物质、维生素等养分的需要量。这些养分一方面用于维持猪的生命活动的需要，即维持需要；另一方面用于维持猪的生长（增重）的需要，即生产需要。

1. 猪的能量需要

猪对能量的需要用于维持生命和增重所需要消耗的能量，其需要量主要受猪的年龄、体重、生理阶段、增重和饲料等因素的影响。猪对能量的需要来源于饲料中的糖类、粗蛋白和粗脂类三大主要养分。通常满足猪的能量需要最主要和最经济的来源是饲料中的糖类，尤其是淀粉，而粗纤维的消化利用率低，应控制其含量。其次，饲料中的粗脂肪也是供给猪能量的重要形式，尤其是仔猪和哺乳母猪阶段，但是生猪育肥阶段应控制饲料中脂肪含量，以免影响体脂品质。最后，饲料中的粗蛋白虽可供给能量，却是最不科学和最不经济的供能形式，生产中应注意平衡日粮中的能量蛋白比，避免将饲料蛋白质作为能量利用。

2. 猪的蛋白质和氨基酸需要

猪对蛋白质和氨基酸的需要主要用于维持生命和增重所需要，其需要量主要受猪的年龄、体重、生理阶段和增重的影响。猪的蛋白质和氨基酸需要的唯一来源是饲料中的粗蛋白和氨基酸添加剂。生产中应注意猪日粮中蛋白质的品质和氨基酸的种类和比例，保持适当的蛋白能量比，有利于提高饲料蛋白质的利用效率。

3. 猪的矿物质需要

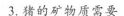

猪对矿物质的需要主要用于维持生命和增重所需要，其需要量主要受猪的年龄、体重、生理阶段和增重的影响。猪的矿物质需要的来源是矿物质饲料和微量元素添加剂。生产中应注意满足猪对常量矿物质和微量矿物质的需要，保持适当的比例，避免矿物质的缺乏和过量，科学选用矿物质添加剂，以提高饲料矿物质的利用效率。

4. 猪的维生素需要

猪对维生素的需要用于维持生命和增重所需要，其需要量主要受猪的年龄、体重、生理阶段和增重的影响。猪的维生素需要的来源是天然维生素饲料和维生素添加剂。生产中应注意满足猪对维生素的正常需要，避免脂溶性维生素过量，科学选用维生素添加剂，提高饲料维生素的利用效率。

5. 猪的水分需要

水分既是猪体结构的组成成分，又构成猪体基本生命和生产活动的重要环境，水分是猪营养需要的基本养分。猪的水分需求主要依靠饮水和饲料水。饮水量主要受到猪的年龄、体重、生理阶段、饲料、季节和环境温度等影响。生产中一般采用自由饮水，基本可以保障猪对水分的需要。

（二）猪的饲养标准

饲养标准是根据科学试验结果，并结合实际饲养经验所规定的每头动物在不同生产水平或不同生理阶段时，对各种养分的需要量。饲养标准是指导现代养猪业科学配合日粮、实施标准化养殖的重要依据和指南。

第二节　猪的饲料及安全控制

一、猪饲料的种类

猪是杂食动物，可供选择的饲料种类很多，按照国际分类法饲料原料分为能量饲料、蛋白质饲料、粗饲料、青绿饲料、青贮饲料、矿物质饲料、维生素饲料和添加剂 8 类饲料原料。没有一种饲料原料可以满足猪的营养需要，养猪生产企业或饲料厂通过专业化生产，提供品质优良的全价配合饲料，才能满足不同猪群对各种养分的需求，充分发挥饲料的利用效率，降低饲料成本，提高生产效益和经济效益。

目前，市场上的猪饲料分为全价配合饲料、浓缩饲料、添加剂预混合饲料三大类。全价配合饲料营养均衡，不需要另外添加其他饲料，可以直接饲喂猪只；浓缩饲料不能直接饲喂猪只，需要按一定比例添加能量饲料，才能满足猪的营养需要；而添加剂预混合饲料只占猪饲料的 0.5%～5%，必须科学配合其他饲料，才能满足猪的营养需要。随着规模化养猪的推进，为了获得更好的生产效益和经济效益，推荐一般猪场选择适应不同猪群营养需求特点的全价配合饲料；部分猪场也可以选择优质浓缩饲料，科学配合大宗能量饲料；个别猪场甚至选择预混合饲料，科学设计配合一些能量饲料和蛋白质饲料。无论采用何种饲料类型，都必须熟悉各类饲料的营养特性和质量标准，根据猪的饲养标准科学选择和配合，充分满足猪对各种养分的营养需要，提高饲料的利用效率，降低饲料成本。

二、饲料原料的营养特性及质量要求

按照国际分类法划分的 8 类饲料原料各具不同的营养特点和质量标准，了解各种饲料原料的营养特性和质量标准，有利于科学设计配合饲料，发挥饲料原料的利用效率，降低饲料成本，获得最大生产效益和经济效益。

（一）能量饲料

能量饲料泛指饲料干物质中粗纤维含量低于18%,蛋白质含量低于20%的饲料，包括谷实类、糠麸类、糟渣类、块根块茎以及油脂、乳清粉等加工副产物等。能量饲料蛋白质含量低，氨基酸不平衡，尤其是限制性氨基酸缺乏，必须与优质蛋白质饲料配合使用。猪的日粮中 50%～70%为能量饲料，主要是禾本科籽实及其加工副产物玉米和糠麸。

1. 谷实类饲料

谷实类饲料是猪的主要能量饲料，无氮浸出物含量高达 70%以上，粗纤维含量很低，具有适口性好、消化率高的特点。谷实类饲料的粗蛋白含量低、品质差，氨基酸不够平衡，赖氨酸、蛋氨酸和色氨酸较少。谷实类饲料的粗脂肪和粗纤维含量变化较大，矿物质中的钙含量也很低，磷则多以植酸磷形式存在，钙磷不平衡、磷利用率低。谷实类饲料的维生素 B_1 和 E 较为丰富，但缺乏维生素 C 和 D。

（1）玉米：玉米被称为能量之王，是养猪生产中用量最多的饲料，一般占配合饲料的 40%～60%。玉米具有无氮浸出物高、粗纤维含量少、消化率高、可利用能值高的特点。但是，玉米的蛋白质质量较差、氨基酸不平衡，尤其是赖氨酸和色氨酸含量较低。玉米的无机盐及微量元素含量都比较低，所以使用玉米时应与其他饲料原料合理搭配。另外，玉米的粗脂肪含量较高，对生长育肥猪的体脂肪有不良影响，应控制玉米的用量。

生产中玉米的质量要求及分级标准应符合国家标准。据测定，玉米水分含量在 14%以上，储藏温度达 20℃以上时，极易发生霉变，特别是黄曲霉菌产生的黄曲霉毒素，是一种强烈的有毒致癌物，对人、畜有很大威胁。所以在配制饲料时，不能使用发霉变质的玉米。

（2）大麦：大麦分皮大麦和裸大麦两种，有效能值都不如玉米。但是，大麦的蛋白质质量较好，赖氨酸含量比玉米约高 1 倍。由于大麦脂肪含量低、蛋白质含量高，用大麦喂猪可以获得高质量的硬脂胴体。对种猪应避免使用大麦，以防麦角毒引起繁殖障碍、流产和无乳。大麦整粒饲喂不易消化，应粉碎。

裸大麦易感染真菌中的麦角菌而得麦角病，造成畸形籽实，并含有麦角毒，降低适口性，甚至引起中毒。中毒症状表现为坏疽症、痉挛、繁殖障碍、生长抑制、呕吐及咳嗽等。美国规定麦角毒最高允许量为 0.3%，发现大麦含畸形粒太多时应慎重使用。质量要求及分级标准应符合国家标准。

（3）稻谷：稻谷是我国种植面积最广的粮食作物，主要用作人的粮食，很少直接用作饲料。但是，糙米和碎米可作为优质的能量饲料。稻谷外包颖壳，粗纤维含量也高，因而消化能低于玉米。稻谷的粗蛋白质含量比玉米稍低，氨基酸含量与玉米近似，有效钙、磷和微量元素与玉米相近。糙米和碎米的有效能值比稻谷高 18%～25%，粗纤维、粗灰分比稻谷明显偏低。质量要求及分级标准应符合国家标准。

2. 谷实类加工副产品

谷实类的加工可分为制米和制粉。制米的副产物称作糠，制粉的副产品称作麸。由于加工工艺和加工精度不同，所得的副产品在组成和营养价值方面也有很大差别。但总的说来，糠麸的粗纤维、粗脂肪、粗蛋白、矿物质和维生素含量较高，而无氮浸出物（主要是淀粉）则极低，所以消化能低。

（1）小麦麸：俗称麸皮，是小麦粒制粉后的副产品。小麦麸的粗纤维含量高，有效能低。小麦麸的粗蛋白质高于小麦，氨基酸组成较好，但蛋氨酸含量较少。小麦麸含有较丰富的铁、锌、锰，但磷绝大部分是植酸磷，不利于吸收。小麦麸含有丰富的维生素 E、尼克酸和胆碱。

小麦麸的粗纤维含量高、质轻松，在猪的配合饲料中，可以调节日粮营养浓度与改变大量精料的沉重性质。小麦麸具有轻泻作用，产后母猪给予适量的麸皮粥，可以调养消化道的机能；幼猪和肥育猪饲料中应控制用量比例。质量要求及分级标准应符合国家标准。

（2）稻糠：稻谷脱壳制米的副产品可统称为稻糠，包括砻糠和米糠，砻糠是稻壳磨的粉，粗纤维含量很高，对猪没有利用价值。米糠是脱壳后的糙米进一步精磨制米所得的细糠（亦称细米糠），对猪的营养价值较高，可作为低值的能量饲料使用。

米糠中脂肪含量较高，且不饱和脂肪酸含量高，容易氧化而酸败，不宜久储，生长育肥猪饲料应适当控制米糠用量。

（3）其他糠麸：除小麦麸和米糠外，还有玉米糠、高粱糠和小米糠等糠麸类饲料原料也可用作猪饲料。玉米糠含有较多的种皮，粗纤维含量较高，故不适于饲喂仔猪，可用于饲喂妊娠母猪和肥育后期的肉猪。高粱糠含有较多鞣酸，适口性差，喂饲过量易发生便秘。

3. 块根块茎及其他加工副产物类

（1）块根块茎类饲料：新鲜饲料原料干物质含量较低、营养价值低，经脱水加工后营养价值提高。具有干物质中无氮浸出物含量高，粗蛋白质、粗纤维的含量较低的特点。主要包括甘薯、马铃薯、木薯及其加工副产物等。作为能量利用常脱水处理，新鲜饲料饲喂时宜适当切碎。

甘薯：又称红薯、地瓜，干物质含量可达 25%～30%，粗纤维含量低，淀粉可达 85%，有效能高。甘薯的蛋白质含量较低，红黄色芯甘薯含有一定胡萝卜素，但其他维生素和矿物质仍极缺乏，必须同其他饲料混合饲喂。

甘薯可生喂或熟喂，熟喂优于生喂。用热处理过的甘薯喂猪，可使蛋白质的消化率提高近 1 倍，而对能量的消化率影响不大。甘薯干在猪配合饲粮中可用到 70%，小猪也可以用到 30%～50%。产量多时可切片晒干，以利保存利用。甘薯保存不当易感染微生物出现黑斑病，对猪产生毒害作用，不可饲用。质量要求及分级标准应符合国家标准。

马铃薯：俗称土豆，干物质约 25%、淀粉占 80%以上，有效能高。马铃薯的蛋白质含量低，非蛋白氮含量约占一半，其中龙葵素是有毒物质，钙、磷及其他矿物元素有限。鲜马铃薯富含维生素 C，缺乏其他维生素。

马铃薯喂猪时熟喂较生喂效果好。经 100℃湿热处理 20 min，可使其氮的消化率从未经处理时的15%提高到60%。马铃薯耐储藏，但当储藏温度高时会发芽，阳光直射能使表皮变绿，芽、芽眼和绿色表层含有龙葵素，大量采食可致中毒，甚至死亡。质量要求及分级标准应符合国家标准。

其他块根块茎饲料：木薯的营养与甘薯相近，木薯皮含有剧毒物质——氢氰酸。选用木薯做饲料时可以水煮和烘干以除去毒素，也可以采用冷水浸泡的方法，但耗时较长。此外，各地还可以利用当地的其他块根块茎饲料，如南瓜、胡萝卜等。

（2）其他加工副产品：油脂、制糖、乳品加工的副产品都可以用作猪的能量饲料。

油脂：油脂能量浓度很高，富含必需脂肪酸。猪饲料中添加油脂有利于提高日粮能量水平、改善饲料风味、帮助脂溶性维生素的吸收，还可减少热应激，提高饲料的利用率，是猪的良好能量供给源，尤其是仔猪和哺乳母猪。生产中添加油脂时，应添加抗氧化剂，防止脂肪酸败，注意检查油脂的酸度和碘值等指标。

乳清：乳清是乳品加工工厂生产乳制品后的液体副产品，含水量大。主要含乳糖，乳清蛋白和乳脂所占比例很少。乳清经喷雾干燥后得到的乳清粉则是哺乳仔猪的良好调养饲料，成为代乳料中不可缺少的部分。

糖蜜：糖蜜是甘蔗和甜菜制糖的副产品，糖蜜中仍残留大量蔗糖。糖蜜含有相当多的有机物和无机盐，干物质中粗蛋白含量很低，非蛋白氮比例较大，灰分较高。糖蜜具有甜味，适口性好。但糖蜜具有轻泻性，日粮中糖蜜量大时，粪便发黑变稀。

（二）蛋白质饲料

蛋白质饲料是指饲料干物质中粗蛋白质含量在20%以上，粗纤维含量在18%以下的饲料，包括植物性蛋白质饲料、动物性蛋白质饲料和工业副产品等。蛋白质饲料的能值高，与能量饲料的区别是粗蛋白质含量高、品质好。猪在生长发育、新陈代谢、繁殖过程中，需要大量的蛋白质来满足细胞的生长、分裂、更新、修补要求，具有其他饲料原料无法替代的重要作用。

我国蛋白质饲料不足，特别是豆饼、鱼粉等优质蛋白质饲料匮乏。近几年来，经过反复试验研究，采用脱毒、去壳、灭酶等手段利用棉籽饼和菜籽饼，还挖掘出工业副产品、畜禽屠宰副产品及单细胞蛋白质等饲料。经过合理搭配，使其达到理想蛋白质水平，部分替代鱼粉、豆饼等蛋白质饲料，也可以获得同样的生产效果。

1. 植物性蛋白质饲料

猪的植物性蛋白质饲料主要包括豆类籽实和豆类饼粕两大类。粗纤维低，蛋白质含量高、品质好，粗脂肪含量高、含量变化大，矿物质钙少磷多、主要是植酸磷，缺乏维生素 AD，含抗营养因子。

（1）豆类籽实——大豆：大豆的粗蛋白质含量 32%～40%，蛋白质品质好，氨基酸组成好，赖氨酸含量较高，但缺乏蛋氨酸等含硫氨基酸。大豆的脂肪含量高达 17%～20%，不饱和脂肪酸含量高，亚油酸和亚麻油酸占 55%。大豆的无氮浸出物和粗纤维含量低，适口性好。

大豆脂肪含量高，会影响猪体脂的品质。生大豆含胰蛋白酶抑制因子、凝集素等抗营养因子，不利于蛋白质的吸收。生产中极少采用大豆作为饲料利用，如做饲料利用应采用加热、膨化处理等方法，破坏抗营养因子，可以明显提高大豆中蛋白质的消化率。

（2）豆类饼粕：油料作物籽实提取油脂后的副产品即为饼粕，饼粕类是最主要的植物性蛋白饲料。压榨提油脂后的块状副产品称为饼，浸提出油脂后的碎片状副产物称为粕。

大豆饼（粕）：大豆饼（粕）也称豆饼（粕），是猪日粮中首选的蛋白质饲料原料。豆饼（粕）中粗蛋白含量一般在 40%～50%，富含赖氨酸，而且赖氨酸和精氨酸比例适当，色氨酸和苏氨酸含量较高，氨基酸比例较平衡，但缺乏蛋氨酸，与玉米和麸皮等能量饲料配合使用可发挥互补作用。大豆饼（粕）含有丰富的铁和锌。豆饼（粕）适口性好，正常加工后的豆饼（粕）中抗营养因子极其微量，使用量不受限制，因此玉米-豆饼（粕）饲粮在配合饲料中占有较大的比重。

生豆粕中含抗营养因子，不能用生豆粕做饲料，否则猪会拉稀，尤其是仔猪。豆粕在加工过程中，加热不足和过度均会降低蛋白质生物学效率。豆粕蛋白质中丰富的赖氨酸含量可以补充谷实类、块根块茎类饲料中赖氨酸的不足，蛋氨酸是第一限制性氨基酸。大豆粕还含有大量不可消化的寡糖，在大肠和盲肠中微生物的作用下产生气体而引起胀气。

棉籽饼（粕）：去壳的棉籽饼（粕）中含 40%左右的粗蛋白和较丰富的磷、铁、锌，因此棉籽饼（粕）是当前养猪业蛋白质饲料的重要来源之一。而带壳的棉籽饼蛋白质含量只有 22%。棉籽粕（饼）的氨基酸不平衡，赖氨酸含量比豆饼（粕）约低一半，精氨酸含量特别高，但是蛋氨酸含量低。此外，棉籽粕中含有有毒物质——游离棉酚，猪连续采食可使猪发生腹水、心脏肥大、肺水肿等，甚至出现中毒、死亡。因此，不能单独使用棉籽饼（粕）喂猪，必须与其他饼类饲料配合使用。

棉籽饼（粕）经过 100℃蒸煮 1 h 或 70℃蒸煮 2 h 加热处理可使棉酚受到破坏，失去毒性，但往往使赖氨酸的消化率降低了。因此，采用棉酚脱毒处理后，还应在日粮中添加赖氨酸。也可采用在日粮中添加硫酸亚铁（与游离棉酚的重量比为 1∶1），降低游离棉酚的吸水率，达到缓解毒性的效果。我国国家标准中有关饲料卫生标准规定：在仔猪饲料中不要用棉仁饼，在商品肉猪中游离棉酚含量应小于 0.02%（不超过 60 mg/kg）。

菜籽饼（粕）：菜籽饼粗蛋白质含量约为 38%，菜籽粕中的粗蛋白质含量约比饼含量高出 2%～3%。菜籽饼（粕）的赖氨酸含量介于豆饼（粕）与棉籽饼（粕）之间，色氨酸含量较低，但含硫氨基酸却比豆饼（粕）和棉籽饼（粕）都高。菜籽饼（粕）的微量元素中含硒量较高，此外，铁、锰、锌的含量也比较丰富。菜籽饼（粕）适口性差，含硫葡萄糖苷、芥酸、异硫氰酸酯和恶唑烷硫酮等有毒物质，可导致猪甲状腺肿大，抑制肉猪生长，影响母猪繁殖。因此，菜籽饼（粕）不能单独用作蛋白质饲料，并且用作饲料前必须进行脱毒处理，限量使用。仔猪不能饲喂菜籽饼（粕），肥育猪不要超过 8%，母猪不要超过 4%。尽量培育和选用低硫葡萄糖苷、低芥酸品种。

此外，花生饼（粕）富含精氨酸，而赖氨酸和蛋氨酸不足，也不能作为猪的唯一蛋白质来源，需与含赖氨酸、蛋氨酸多的饲料配合使用。花生饼易感霉菌，特别是黄曲霉菌产生黄曲霉毒素，容易使动物肝脏受到损害。所以花生饼（粕）应储藏于通风干燥处。我国国家标准中规定猪配合饲料中黄曲霉毒素的允许量为小于或等于 0.02 mg/kg。另一方面，花生油的熔点较低，喂残油多的花生饼（粕）容易产生软膘猪肉。

2. 动物性蛋白饲料

动物性蛋白饲料包括水产副产品、乳品加工副产品、动物屠宰的下脚料及蚕蛹等。动物性蛋白饲料不含粗纤维，无氮浸出物低，蛋白质含量高且氨基酸比例平衡，矿物质含量丰富，钙磷丰富且比例适当，富含维生素，尤其是植物性饲料没有的维生素 B_{12}，可利用能高等特点。

（1）鱼粉：鱼粉是优质的动物性蛋白饲料，主要氨基酸基本符合猪体组织氨基酸组成，平衡蛋白质的效果最好，消化率很高。但鱼粉种类甚多，质量各异。优质的进口鱼粉蛋白质含量 60%～70%，国产鱼粉蛋白质含量多在 35%～50%。鱼粉蛋白质品质好，含有多种必需氨基酸，特别是赖氨酸、蛋氨酸和色氨酸含量丰富，但精氨酸含量较低，搭配其他饲料效果好。鱼粉含有丰富的钙、磷和多种维生素（特别是维生素 B_{12}），也含有硒和碘。鱼粉中食盐含量控制在 2%～4%，粗脂肪含量小于 10%。鱼粉中含生长因子（UGF），可以促进猪生长，生产中主要用于幼猪和种猪。

鱼粉不饱和脂肪酸含量高，具有鱼腥味，用量不要太高，生长育肥猪用量可占饲料的 5%～8%，育肥后期不可添加。

鱼粉应储存在低温、干燥、通风、避光的环境，且不宜长期储存。保存不当的鱼粉易受微生物侵染而变质，产生有害的组胺类物质，猪大量食用后，可发生消化道疾病。因此，对鱼粉必须经常监测其中挥发性胺类物质以及腐胺和尸胺的浓度，以此作为鱼粉的质量检验标准。同时，检查食盐含量，以便在配合日粮添加食盐时扣除鱼粉中的食盐含量，以免出现食盐中毒。

（2）其他动物性蛋白质饲料：除鱼粉外，还有肉粉、肉骨粉、血粉、血浆蛋白粉、羽毛粉、皮革粉、蚕蛹粉等也可作为猪的蛋白质饲料，此处不做介绍。

3. 微生物蛋白质饲料

微生物蛋白质饲料是指由各种微生物细胞制成的蛋白质饲料，包括酵母、细菌、真菌和一些单细胞藻类，也叫单细胞蛋白饲料。微生物蛋白质饲料的蛋白质含量高（30%～70%），品质好，富含 B 族维生素（不含 B_{12}），其营养价值介于动物性蛋白质和植物性蛋白质之间。

饲料酵母应用较早，蛋白质的生物学价值很高，赖氨酸、色氨酸、苏氨酸、异亮氨酸等重要的必需氨基酸含量较高，含硫氨基酸含量低，精氨酸含量比赖氨酸低，容易与饼粕类配伍。但是，酵母具有苦味，故适口性较差，应控制喂量。

（三）矿物质饲料

矿物质饲料包括人工合成的、天然单一的和多种混合的矿物质饲料及矿物质添加剂。现代养猪生产多选用高产品种和采用集约化养殖方式，常规饲料不能满足猪生长、发育和繁殖等生命活动的需要，必须选用矿物质饲料补充猪对矿物质养分的需要。主要包括补充食盐、钙磷以及其他常量和微量元素的钙源性饲料、磷源性饲料、含硫饲料、含镁饲料及天然矿石类等。

1. 食盐

食盐是补充钠、氯的最简单、价廉和有效的矿物质饲料，饲料用食盐含氯化钠95%以上。食盐不足，可引起食欲下降，采食量低，并导致异嗜癖；食盐过量时，若饮水不足，可能出现食盐中毒。猪对食盐较敏感，猪配合饲料中食盐用量应控制在 0.25%～0.5%。使用含食盐量高的鱼粉、酱渣等饲料时应扣除高盐饲料中的食盐含量。

2. 钙源饲料

植物饲料的含钙量远不能满足猪对钙的需要量，因此必须补充钙源饲料。同时，还应注意钙磷的比例。

（1）石粉：石粉的基本化学成分是碳酸钙，含钙量 34%～38%，是最廉价、最常见的钙源性饲料，常配合钙磷源饲料使用。石粉中铅、砷、汞、氟含量不得超过安全标准。

（2）贝壳粉：贝壳粉主要成分也是碳酸钙，含钙量与石粉相似。新鲜贝壳必须经加热、粉碎，以免传播疾病，死贝的壳有机质已分解，比较安全。贝壳中常夹杂细沙、泥土，含有这些杂质的贝壳粉含钙量低。

3. 磷源和钙磷源饲料

只提供磷源的矿物质饲料为数不多，仅限于磷酸、磷酸钠盐等。磷酸为液态，且具腐蚀性，配合饲料生产使用不方便。磷酸钠盐既提供磷，也提供钠。生产中常用同时含有钙磷两种矿物元素的钙磷源饲料。

（1）骨粉：骨粉是由动物杂骨经热压、脱脂、脱胶后干燥、粉碎而成，其基本成分是磷酸钙。优质骨粉含钙 28.6%、磷 13.1%，钙磷比例 2∶1，是钙磷平衡的矿物质饲料。

（2）磷酸氢钙：无结晶水的磷酸氢钙含钙 29.46%、磷 22.77%，含 2 结晶水的磷酸氢钙含钙 23.29%、磷 18.01%，磷酸氢钙中的钙磷容易被动物吸收，是最常用的钙磷源饲料，常配合石粉补充猪对钙磷的需求。

此外，磷酸钙、过磷酸钙也是含钙、磷丰富的饲料，但其吸收率低于磷酸氢钙。而沸石、麦饭石、海泡石、膨润土、凹凸棒石等天然矿石可以补充常量和微量元素，还可以作为饲料配合的载体或稀释剂利用。

4. 其他矿物质饲料

养猪生产常用含硫饲料，主要用于补充硫、镁、铁、锌、锰及其他微量元素，常用的主要包括硫酸铜、硫酸镁、硫酸亚铁、硫酸锌、硫酸锰等。

（四）饲料添加剂

饲料添加剂是指以促进养分的消化吸收、调节机体代谢、保健助长、改善饲料和猪肉品质、提高生产水平等为目的，在配合饲料中添加的少量或微量物质。饲料添加剂在饲料中用量甚微，但作用显著，添加过量时一般会出现不良效应甚至中毒，在使用时应予以注意。饲料添加剂的选用必须按照《饲料和饲料添加剂管理条例》

的规定，饲料添加剂的使用必须严格遵守国家的法律法规，科学选择、准确用量、配合和保存。

1. 营养性添加剂

按照《饲料和饲料添加剂管理条例》的规定，营养性饲料添加剂是指用于补充饲料营养成分的少量或者微量物质，猪的营养性添加剂主要包括矿物元素添加剂、氨基酸添加剂、维生素添加剂和酶制剂等。

（1）矿物元素类饲料添加剂：矿物元素饲料添加剂多为各种微量元素的无机盐类、氧化物、有机酸盐和螯合物形式，常用铁、铜、锌、锰、钴、碘、硒等微量元素类矿物元素饲料添加剂及微量元素预混剂，原料应采用饲料级微量元素盐。应严格遵守国家标准和相关规定使用，严禁超标使用。

（2）氨基酸类饲料添加剂：氨基酸类饲料添加剂主要采用人工合成的氨基酸饲料添加剂，主要包括赖氨酸、蛋氨酸、色氨酸、苏氨酸等氨基酸类添加剂，选用时需注意氨基酸添加剂的类型及其生物活性。生产中，氨基酸添加剂的添加量较大，且以平衡饲粮中氨基酸为根本目的，通常将氨基酸直接添加于全价饲粮之中。

（3）维生素类饲料添加剂：维生素的化学性质不稳定，维生素类饲料添加剂除含有纯的维生素化合物活性成分之外，还含有载体、稀释剂、吸附剂等，甚至抗氧化剂等化合物，以保持维生素的活性及便于在配合饲料中混合。养猪生产中各种维生素添加剂都是按照配方将各种维生素与抗氧化剂和疏散剂加到一起，再加入载体和稀释剂，经充分混合均匀成为多种（复合）维生素预混料，用铝箔塑料覆膜袋封装保存，大包装还要外罩纸板筒或塑料筒。常用的维生素类饲料添加剂主要包括维生素 A、D_3、E、K_3、B_1、B_2、B_6、B_{12}、泛酸添加剂、烟酸添加剂、生物素添加剂、叶酸添加剂、胆碱添加剂、维生素 C 添加剂、其他维生素类似物等。

2. 一般饲料添加剂

按照《饲料和饲料添加剂管理条例》中的解释，一般饲料添加剂是指为保证或者改善饲料品质、提高饲料利用率而掺入饲料中的少量或者微量物质。主要包括以下几类：

（1）酶制剂：添加酶制剂的主要目的是补充内源酶的不足，促进饲料的消化和吸收。添加酶制剂还可消除抗营养因子的不利影响，提高饲料利用率和动物健康水平。生产中常用的植酸酶和复合酶能有效提高猪对 P、Ca、Zn、Cu、Fe、Mg 等矿物质及蛋白质和淀粉的消化率，还能降低动物排泄物中磷对环境的污染，具有一定的经济效益和环保意义。在仔猪或肥育猪的小麦或大麦基础日粮中添加 β-葡聚糖酶和木聚糖酶，可减少非淀粉多糖产生的黏性物，提高能量、磷和氨基酸的利用率。同时，酶本身也是蛋白质，储存和使用时温度、光照、酸碱度等因素都会影响酶的活力，生产中应根据猪的年龄、日粮类型等选用酶制剂，尽量减少加工环节对酶活性的影响。

（2）微生态制剂（也叫益生素、竞生素或生菌剂）：利用乳酸杆菌制剂、枯草杆菌制剂、双歧杆菌制剂、链球菌属、酵母菌等微生态制剂对猪具有营养、免疫、生长刺激和生物拮抗作用，可以达到促进生长和防病治病的目的。养猪生产中使用微生态制剂时应注意选择合适的微生态制剂，并掌握好使用剂量和使用时间。

（3）酸化剂：酸化剂主要用来改变早期断奶仔猪的生产性能。添加酸化剂可补充仔猪胃酸分泌不足，调节胃肠道 pH，激活胃蛋白酶的活性，提高饲料消化率和增重。养猪生产中已经广泛使用，主要以两种或两种以上的有机酸复合而成。通常在断奶仔猪日粮中添加柠檬酸和延胡索酸，可提高饲料利用率和增重，并有效降低仔猪腹泻率。全植物性饲粮酸化的效果比含大量动物性饲料的效果好。

（4）饲料保护剂：饲料保护剂是为了防止饲料品质的下降、改善饲料品质、提高饲料调制的效果，在饲料中添加各种饲料保护剂，如抗氧化剂、防霉防腐剂、食欲增进剂等。

添加抗氧化剂的目的是阻止或延迟饲料氧化，提高饲料稳定性和延长储存期。主要用于脂肪含量高的饲料和含维生素的预混料中。

添加防腐剂的目的是抑制霉菌繁殖、消灭真菌，防止饲料发霉变质。主要用于水分含量高的饲料或储存于高温、高湿条件下的饲料。

添加食欲增进剂可改善饲料的适口性，增强猪的食欲。

（5）产品品质改良剂：产品品质改良剂主要是指着色剂，是为改善猪肉产品的外观，提高商品价值，在饲料中添加着色剂。

（6）其他饲料添加剂：在加工配合猪饲料时，通常还会添加粘结剂减少粉尘损失，提高颗粒饲料的牢固程度，减少制粒过程中压模受损。当配合饲料中含有吸湿性较强的乳清粉、干酒糟或动物胶原时均宜加入流散剂，以防止饲料在加工及储存过程中结块。流散剂难以消化吸收，用量宜控制在 0.5%～2%。此外，还可选用乳化剂、缓冲胶、除臭剂、疏水、防尘、抗静电剂、吸湿剂等，改变饲料品质和环境。

3. 药物饲料添加剂

药物饲料添加剂是为了预防、治疗动物疾病，增强免疫力，促进生长，提高经济效益而掺入载体或者稀释剂的兽药的预混物，包括抑菌促生长类、抗球虫药类、驱虫剂类等，选择和使用药物饲料添加剂时，必须严格遵守《饲料和饲料添加剂管理条例》规定，禁止使用激素类、镇静剂类和兴奋剂类用作饲料添加剂。

（1）抑菌促生长类：抑菌促生长类包括抗生素类和人工合成的抑菌药物。抗生素类饲料添加剂因残留问题、抗药性问题和滥用问题近几十年来一直争议不休，使用时应注意严格选择使用种类，严格控制使用剂量和对象，严格规定使用期限，避免长期使用同一种抗生素。尽量选用绿色添加剂替代抗生素类饲料添加剂。人工合成的抑菌药物同样具有类似抗生素的作用，但同样存在药物残留和耐药性的问题，尤其是砷制剂对环境的污染和致癌，生产中也受到限制。

（2）驱虫保健剂：驱虫保健剂主要包括抗蠕虫剂和抗球虫剂，主要用于防治寄生虫和球虫的感染和侵袭，达到预防保健、促进生长、提高饲料利用率的目的。我国批准的抗蠕虫剂只有越霉素 A，而抗球虫药物需将几种药物轮换使用。

（3）中草药饲料添加剂：中草药饲料添加剂被称为绿色饲料添加剂，具有重要作用。一是利用中草药本身的维生素、矿物质、蛋白质及未知活性因子补充营养；二是发挥促生长、增强体质、提高抗病力的作用；三是来源丰富、价格便宜，不会产生药物残留和抗药性。因此中草药饲料添加剂前景广阔。

养猪生产中过量使用兽药和高污染型饲料添加剂，残留、“三致”及耐药性等问题日渐突出，国家也制定出相关规定，规范、引导添加剂的使用。而酶制剂、微生态制剂和中草药饲料添加剂被称为“绿色饲料添加剂”，其的研制与应用得到了长足的发展，应用前景广阔。

（五）其他饲料原料

按照国家分类法，猪的饲料原料还包括粗饲料、青绿饲料、青贮饲料和维生素饲料。

1. 粗饲料

粗饲料的干物质中粗纤维含量在18%以上，饲料养分含量少，大部分不宜用作猪饲料。而优质苜蓿草粉等有效能值可以与糠麸类相比，粗蛋白质含量在16%以上，氨基酸模式与猪的需要模式相似，可在猪的饲粮中配入一定比例，有利于增大饲粮的体积，使猪有饱感，防止猪拉稀。但粗纤维过多会影响猪对精料的采食量，肥育猪和幼猪饲粮中粗纤维含量不宜超过 4%，母猪可适当增加，但也不超过 7%。

2. 青绿饲料

青绿饲料含水量在 45%以上，按鲜重计算营养物质含量极低。但青绿饲料的蛋白质中氨基酸较为平衡，含无机盐比较丰富，钙磷钾的比例适当，胡萝卜素和维生素 C、B 族维生素的含量显著高于谷实类饲料，是繁殖母猪极好的饲料，可与配合饲料一起饲喂。青绿饲料主要包括牧草、蔬菜、水生植物、树叶以及野草、野菜、野生植物等，营养成分和饲用价值因植物的生长阶段、茎叶的老嫩和各自比例不同而有显著的差异，应掌握好青绿饲料的最佳利用期。青绿饲料应生饲，防止维生素损失；注意预防亚硝酸盐中毒、氢氰酸中毒、氰化物中毒、草木樨中毒、农药中毒，以及采食有毒植物引起的中毒等。

3. 青贮饲料

青贮饲料是在青绿饲料较多的季节，将新鲜的青绿饲料填装入青贮窖内，经过发酵过程制作成营养、多汁的优良饲料。青贮饲料适口性高，营养损失小，是长期保存青饲料的营养物质和多汁性的一种简单可靠的方法，也是解决青饲料常年均衡供应的重要措施。青贮饲料适口性好，但轻泻多汁，宜配合精料饲喂，控制用量，由少到多。一般仅用于成年妊娠母猪，集约化养殖使用较少。

4. 维生素饲料

维生素饲料主要指工业合成或提纯的脂溶性维生素和水溶性维生素。不包括天然维生素来源的饲料，如青绿饲料和青贮饲料等。维生素多数稳定性不高，在饲料的加工和储存过程中，容易造成损失和效价降低。为了保证动物摄食到足量的维生素，一般都应超量添加。目前维生素制剂有单项维生素和多种维生素预混剂，应用时可根据实际情况确定选用。

三、饲料产品的安全控制

配合饲料是生猪标准化养殖主推的饲料类型。配合饲料质量的优劣直接影响饲料企业的信誉和市场竞争力，还直接关系到养猪场的生产效益和经济效益，甚至影响整个养猪业的发展。饲料产品的安全控制贯穿配合饲料生产的产前、产中和产后质量管理，形成饲料质量管理体系，猪的配合饲料的质量受到饲料原料和产品质量、饲料原料和产品储存、配方设计、饲料生产加工过程、产品质量检测以及产品包装和销售等环境的影响。

（一）饲料原料和产品的安全控制

为保证猪饲料产品的饲用安全和饲用品质，饲料生产企业应严格遵守国家颁布的一系列国家强制执行标准或推荐执行标准，实现配合饲料质量管理标准化。

1. 加强饲料原料和饲料产品的安全控制

（1）饲料原料和饲料产品采购的安全控制：饲料原料和饲料产品采购是关系到企业生产成本和经济效益的重要环节，加强饲料原料和饲料产品的安全控制，防止质量不合格原料和产品、污染原料和产品以及霉变原料和产品混入，是保证饲料产品品质的前提。原料和产品的采购尽量做到品质安全、价格经济合理、原料供给有保障。

（2）饲料原料和饲料产品的质量标准：采购的饲料原料必须符合《饲料卫生标准》（GB 13078—2001）的要求，营养性饲料添加剂和一般性饲料添加剂应符合农业部公布的《允许使用的饲料添加剂品种目录》规定的品种和取得试生产批准文号的新饲料添加剂品种，药物饲料添加剂应符合农业部发布的《饲料药物添加剂使用规范》（中华人民共和国农业部公告第〔168 号〕）的要求，猪饲料中不直接添加兽药，如使用兽药饲料添加剂，必须严格执行休药期制度，不得添加国家严禁使用的盐酸克伦特罗等违禁药物。

（3）饲料原料和饲料产品采购要求：采购原料和产品需要准确把握饲料原料的行情，熟悉原料和产品的产地、生态环境等信息，了解加工工艺及生产过程、营养价值，并具备原料或产品质量检测合格报告，双方签订购销合同，确保原料安全运输。不要贪图低价，忽略品质，以免由于饲料原料自身的安全和品质问题，影响配合饲料的品质，造成养猪生产的损失。

2. 严格检测饲料原料和饲料产品的质量

饲料原料和饲料产品的质量检测是为了确保原料和产品品质安全且达到收货标准、准确设计饲料配方、饲料产品的生产和销售。采购回来的原料或产品必须进行质量检测，鉴别原料或产品的真伪、测定其有效成分含量、判断原料或产品质量是否合格，以确保饲料配方设计准确或产品质量达标。一般通过感官判定和实验室检测等方法综合评价原料的品质。

（1）感官鉴定：从采购的原料或产品中抽样进行感官测定，通过视觉、嗅觉、听觉和触觉来鉴别原料或产品的形状、色泽、味道、结块、异物等，以判断原料或产品的真伪、质量和加工工艺是否正确。感官检验的标准是：色泽新鲜一致，无发酵、霉质、结块，无异味。感官鉴定法在原料检测上普遍采用，但要求质量检测人员具有一定的素质和经验。在感官鉴定的基础上，企业应定期对饲料原料或产品进行实验室检测，以便准确评价饲料原料或产品的真伪和质量，控制饲料原料或产品质量安全。

（2）实验室检测：实验室检测主要包括物理检测法、化学定性检查法、显微镜检查法、化学分析法、霉菌和毒素检测等方法。

物理检测法：通过物理方法检测饲料的容重、比重分离、粒度等，判断饲料原料或产品是否掺假、含水量是否正常、产品加工质量是否达到要求，为进一步检测饲料原料或产品成分提供帮助。

化学定性检测法：利用饲料原料或产品的某些特性，通过特定的反应来鉴别饲料原料或产品的真伪及质量是否达标的方法。

显微镜检测法：利用显微镜对饲料的外部色泽和形态以及内部结构特征进行观察，判断饲料原料或产品的真伪、质量是否正常。具有快速准确、分辨率高等优点，并能检测出用化学方法不易检测出的项目，如某些掺杂物。显微镜检测法是商品化饲料加工企业和饲料质量检测部门的一种有效的手段，结合化学分析方法，使检测结果的判断就更加可靠。

化学分析检测法：采用化学分析法，借助专用仪器设备定量分析原料或产品的真实养分含量，检测结果可以直接评价原料或产品的真伪和质量，也可用于配方设计。常规化学分析测定项目包括：水分、粗蛋白质、粗纤维、粗脂肪、粗灰分、氨基酸的测定。豆饼（粕）不但要测定粗蛋白质含量，还要测定尿素酶活性；鱼粉除测定蛋白质外，还要测定含盐量、尿素和粗灰分；骨粉和磷酸氢钙既要测定钙、磷含量，又要测定氟含量。

霉菌和毒素检测：饲料原料或产品由于储存不当，可污染霉菌，并产生霉菌毒素，其中主要有黄曲霉毒素、玉米赤霉烯酮、单端孢霉烯族化合物等。导致饲料变质，营养价值降低，还会引起猪急性或慢性中毒。黄曲霉毒素属剧毒物质，可影响肝脏的功能，损害肝脏组织，幼猪和公猪较敏感。玉米赤霉烯酮具有雌激素的作用，可引起猪发生雌激素亢进症。

通过上述感官判断和实验室检测资料，可对饲料原料品质进行综合评定，准确判断出饲料原料和饲料产品的真假和质量的优劣，保障饲料原料和饲料产品的安全以及配方设计的准确。

（二）饲料原料和饲料产品储存的安全控制

1. 原料储存的安全控制

采购回来的饲料原料在储存的过程中可能受到不良环境因素的影响，使饲料原料的品质受到影响，饲料原料的养分损失，造成饲料原料品质下降，甚至受到有害微生物的侵害，产生有害物质。因此，饲料原料在储存的过程中需要加强对原料储存场地和原料储存方法的安全控制，减少储存环节的不良影响和损失，避免微生物侵害，保证饲料原料的品质安全。

（1）原料储存场所：生产中原料储存的场所分为户外和室内仓库两类，原则上原料储存的仓库应保持通风良好，采用防潮、防污染、防鼠、防虫措施，加强饲料仓库的管理，定期检测，分区入库，分类垛放，以便生产及管理，保证原料品质安全。

大型露天原料仓库需保持仓库防水、防自燃、防雷击，下雨不积水；原料垫板高度不低于 0.5 m，保持原料垛底下方通风良好；原料堆码尖垛，堆垛上下垫篷布。户外封闭式料仓则应保持料仓通风、防虫、防害；控制原料水分，玉米水分不超过 14%，品质合格；定期检查料仓的数量、品质。

室内简易仓库应具备防雨功能，地面不能积水，可用于临时存放石粉等性质稳定的原料。大宗原料库应具备通风、防雨、防潮、防鼠、防虫和防腐的功能，主要存放玉米、豆粕等能量和蛋白质饲料。添加剂原料库除具备通风、防雨、防潮、防鼠、防虫和防腐功能外，还应该具备防高温和避光的条件，以便存放化学性质不稳定的添加剂等原料。

（2）原料的储存：为方便生产和管理，保证原料品质安全，原料存放遵循以下要求。

分类垛放：按照原料类型分区入库、分类垛放；垛位下置垫板，保持垛位之间、垛位与墙壁之间的距离，袋装原料垛位离墙 0.8 m，散装原料离房顶最少 2 m，避免底层原料变质，保证存放安全。

规范垛码：做好原料垛位卡，记录原料品名、时间、进货数量、来源等信息，按照顺序、规范垛放，避免混乱堆放原料，保证原料使用安全。

干净整洁：保持仓库清洁卫生，垛位四周和表面干净、整洁，避免原料霉变，保证卫生安全。

先进先出：按照“先进先出”的原则使用原料，避免原料存放过久变质，保证品质安全。

2. 饲料产品储存的安全控制

饲料厂或猪场的成品饲料在储存过程中的环境同样会影响饲料的品质安全，针对饲料产品的不同类型和特性，分别采取相应的措施，减少不良环境对饲料产品品质的有害影响，保证饲料产品的品质安全。

（1）配合饲料的储存要求：控制仓库环境温度在 15～25℃，相对湿度在 70%以下，饲料水分含量不超过 12.5%。包装袋垛位离墙壁 1 m，垛位之间间距 0.4 m，不同生产日期的产品之间间隔 0.5 m 堆码，垛位整齐，呈直线堆码。

（2）浓缩料和添加剂预混料的储存要求：仓库环境温度不超过 30℃，相对湿度在 70%以下。注意避光保存，采用避光材料包装，封口折叠双缝线。部分预混料要求把酸碱度控制在 5.5～6.5，控制储存时间，最好不超过 1 个月，以免效价降低，影响饲料营养价值。

（三）饲料加工的安全控制

1. 饲料加工工艺控制

饲料的品质受到饲料加工工艺的影响，在饲料加工过程中，不同的加工工艺和设备对饲料的形态、养分利用和品质安全都存在差异。目前，配合饲料的生产工艺主要包括先配合后粉碎工艺和先粉碎后配合工艺两种。小型饲料厂多采用先配合后粉碎工艺，生产工艺简单，但粗细粉料不易搭配、配料误差大、产品质量不稳定。大型饲料厂大都采用先粉碎后配合工艺，虽然投资较大、工艺复杂，但是配料准确、产品质量稳定、生产效率高，是现代养猪生产饲料加工的主要加工工艺。一些小型养猪场采用自配饲料，往往是在猪舍旁的料仓配料，卫生条件差，加工设备简陋，养分控制不准确，添加剂使用不合理，产品质量不稳定，饲料产品质量更难保障。因此，必须选择科学的加工工艺，保证饲料养分的全价均衡，提高饲料的利用率，保证饲料品质安全。

2. 饲料加工环节的控制

配合饲料加工工艺主要包括原料接受、粉碎、混合、制粒、膨化、包装几个环节。在加工环节中的环境条件、操作规范、加工工艺和包装等环境都存在可能影响饲料产品的卫生指标、细菌指标、养分指标的不利因素。因此，在饲料产品加工的各个环节，需要严格控制加工设备的正常运行、操作规程、产品加工工艺、成本包装等环节，对饲料产品加工过程和成品质量进行控制，保证饲料产品的质量安全。

第三节　猪的日粮配合

一、猪的日粮配合原则

（一）猪的日粮

现代养猪生产普遍采用规模化养殖，饲料成本约占总成本的 60%～70%。在全封闭的条件下，猪每日的营养需要完全由饲料来供给，单一的饲料原料不能满足猪的营养需要，科学地选择多种饲料原料、合理配合、加工调制成营养全面的全价配合饲料，满足猪对营养物质的需要，对于提高猪的生产性能，提高饲料利用率，降低饲料成本，进而提高经济效益有着重要的意义。

通常将每头猪一昼夜采食的饲料称为日粮；根据猪日粮中各种原料的配合比例，生产出大批量的日粮称为饲粮；可以全面满足猪营养需要的日粮（饲粮）称为全价配合日粮（饲粮）。现代养猪生产大多采用合群饲养，由于不同阶段的猪群的营养需要不同，生产中通常是按照猪的生理状态和生产水平进行合理分群，分别设计配合全价配合饲粮，以提高生产效益和经济效益。

（二）猪日粮配合的基本原则

现代养猪生产普遍采用全价配合饲料，在设计配方时首先应考虑饲料的安全性，而设计的重点放在营养性，同时根据市场经济规律考虑经济性和市场性，科学配合猪的全价日粮。

1. 安全性原则

饲料安全不仅关系猪的生产，也影响人类的食品安全和生态环境安全。配方设计必须遵循国家的《产品质量法》、《饲料和饲料添加制管理条例》、《兽药管理条例》、《饲料标签》、《饲料卫生标准》、《饲料药物添加剂使用规范》、《禁止在饲料和动物饮用水中使用的药物品种目录》等有关饲料生产的法律法规，严禁违规使用、超量使用添加剂，确保饲料产品安全合法。

2. 营养性原则

营养均衡是饲料配方设计的基本原则。首先根据饲养标准和猪的生理特点、生产性能、环境等因素，充分考虑各种养分之间的关系，合理确定饲料配方的最低养分水平。其次，合理选择饲料原料，正确评价饲料原料的养分含量。最后，正确处理各种养分的平衡和有效养分含量，确保营养的全价性。

猪的饲料配合要注意饲料的多样性和适口性，注意平衡能量浓度和能量蛋白比，全面满足猪对矿物质、维生素、氨基酸和微量元素的需要。注意控制饲料中粗纤维的含量，以提高饲料的利用效率。

3. 经济性和市场性原则

在设计饲料配方时，即要考虑满足猪的营养需要，又要考虑降低饲料成本。根据当地情况，选择来源广泛、价格低廉、营养丰富的饲料，科学配合营养均衡的饲料，降低饲养成本。在保证安全性和营养性原则的基础上，及时了解市场动态、明确市场的需求，准确定位产品、满足市场需求。同时还要预测产品的市场前景，不断开发新产品，尤其是环保绿色的产品，以增强产品的市场竞争力，保持养猪生产的可持续发展。

二、日粮配合的方法

根据营养需要，选定所采用的饲料原料，计算所设计的饲料配方是否符合饲养标准中各项营养物质规定的要求，筛选饲料成本最低的配方。饲料配方计算主要有对角线法、Microsoft Excel 和配方软件等方法。现在饲料厂（公司）大都采用计算机设计饲料配方，应用配方软件技术全面地考虑营养、成本和效益，为配方调整、经济分析和采购决策提供大量的参考信息，大大提高配方设计效率，实现成本最小化、收益最大化的目标。

应用配方软件设计饲料配方，最后还可根据实际情况进行适当的手工调整，以便全面满足各种猪群对养分的需求，并根据配方批量生产出针对不同猪群的安全、营养、经济、优质的配合饲料。日粮配合的关键是饲料配方的设计，饲料配方设计的效果一方面受制于原料的选择和营养价值的评定，另一方面取决于饲养标准的选择，当然配方设计的科学性是决定配方设计的重要因素。

（一）正确选择原料

原料的选择应根据不同猪群的生理特点和营养代谢特点，正确选择不同的饲料原料。考虑到饲料原料的适口性和营养代谢特点，以及饲料原料的来源、加工、价格等因素，多种饲料原料科学配合，提高饲料的利用效率，满足猪群对不同养分的需求，有效降低饲料成本。

应充分考虑猪群和饲料原料的特性，有针对性地选择饲料原料。如选择仔猪饲料原料时，重点考虑选择适口性好、消化率高和抗营养因子含量低的饲料原料；选择生长育肥猪饲料原料时，则应该控制玉米等高脂肪的能量饲料，可以考虑用甘薯等淀粉质的块根块茎类饲料替代部分玉米。

（二）准确确定原料的营养价值

养猪生产中，标准化生产能否发挥猪的生长潜力、提高生产效益，很大程度取决于配合饲料提供的营养成分能否全面满足猪群的营养需要。配合饲料能否发挥配方设计的养分指标则取决于饲料原料的营养成分含量计算是否准确、饲料配合是否科学。目前，现代养猪业的配方设计普遍参考国内现有中国饲料数据库《饲料成分及营养价值表》（中国饲料数据库情报中心），结合本地的饲料原料营养价值的实际测定值调整数据库，为饲料厂（公司）或养殖场设计配方提供准确的饲料原料营养价值。

（三）合理确定猪的饲养标准

饲料配方的设计是以不同猪群的营养需要来考虑饲养原料的选择和配合，根据不同猪群的营养生理特点，合理制订猪的营养需要量，是配合饲料配方设计的关键。目前，我国大多数饲料厂或养猪场普遍采用国际标准，部分采用企业标准或参考动物营养参数与饲养标准（NRC），合理制订猪的营养需要，尤其是适合各个养猪场的标准，更有利于结合养猪场的饲养环境和生产性能，有利于降低成本、提高生产效益。

（四）科学设计猪的配方

1. 对角线法设计配方

一些小型养猪场为节约成本，自己配合不同猪群的配合日粮。采用对角线法，自己购买少量浓缩饲料，按比例配合自产的大宗能量饲料原料，充分混合均匀后基本可以满足不同猪群的营养需要。

2. Microsoft Excel 设计配方

部分中型猪场也常利用 Microsoft Excel 自行设计不同猪群的日粮配方，可以利用市场上购买的添加剂，合理配合能量、蛋白质和矿物质饲料，满足不同猪群的营养需要，降低日粮成本。

3. 配方软件设计配方

运用配方软件设计配合饲料配方克服了前面 2 种方法设计配方时指标的局限性，简化了设计人员的计算过程，全面合理平衡饲料营养、成本和经济效益的关系，最大限度降低饲料成本，大大地提高配方设计的工作效率和配方准确性。应用计算机配方软件设计饲料配方能够提供更多的参考信息，保证生产、经营、决策的科学性。

（五）不同猪群的参考日粮配方

不同阶段猪群的参考日粮配方见表 5-1。

表 5-1 不同阶段猪群的参考日粮配方 %

原料名称	仔猪配方	保育料配方	中猪配方	大猪配方	妊娠母猪料	哺乳母猪料
玉米	58.38	59.93	54.9	56.855	57.465	49.07
麦麸				10.0	20.6	15.48
洗米糠			6.0			
小麦	3.0	2.0	3.0	4.0		
玉米胚芽			2.35	12.0	5.2	5.5
玉米酒糟			6.45			
豆粕	29.1	28.89	16.36	6.42	12.3	17.12
膨化大豆						6.0
蛋白粉（高）	1.7		2.2			
鱼粉（进口）	2.6	4.0				
菜枯			5.0	3.1		2.0
棉粕				3.8		
活性鱼粉 508		0.3				
混合油	0.5					
碳酸钙（细）	0.73	0.83	1.11	0.92	1.0	0.92
磷酸氢钙	1.76	1.31	0.96	0.48	1.78	2.0

续表

原料名称	仔猪配方	保育料配方	中猪配方	大猪配方	妊娠母猪料	哺乳母猪料
食盐	0.5	0.45	0.35	0.4	0.35	0.45
赖氨酸（低）	0.28	0.14	0.38	0.34	0.085	0.14
氯化胆碱	0.12	0.12		0.1	0.15	0.2
抗氧化剂	0.02	0.02	0.01		0.01	0.02
膨润土			0.29	1.0		
防霉剂(二甲脂)						0.1
液体防霉剂	0.06	0.06	0.06	0.06	0.06	
生物E蛋白		0.7				
肤红泰	0.03	0.03	0.06			
SP50	0.02	0.02	0.01	0.015		
酸化剂	0.2	0.2				
溢多磷			0.01	0.01		
508 预混料					1.0	1.0
800 预混料	1.0					
802 预混料			0.5			
901 预混料		1.0				
804 预混料				0.5		
100.0	100.0	100.0	100.0	100.0	100.0	

第六章　猪的标准化饲养管理技术

猪场的生产目的是通过种公猪、种母猪、仔猪和生长肥育猪的科学饲养管理技术，保持猪群健康，发挥猪群的生产潜力，安全优质生产，获得最大的生产效益和经济效益。养猪生产必须制订严格不同猪群的饲养管理技术规程，加强猪群的精细化饲养管理，才能达到生猪养殖安全、优质、高效生产的目的。

第一节　种公猪的饲养管理技术

种公猪的饲养管理技术是配种工作的关键环节，其生产目的是通过标准化、精细化饲养管理技术，培育体格健壮、精液品质良好、性欲旺盛、配种能力强、性情温顺的种公猪，以获得数量多、质量好的精液，提高种母猪的受胎率。种公猪包括后备公猪和成年公猪，目前我国主要的种公猪品种包括杜洛克、长白、大白和 PIC 配套系。

一、后备公猪的饲养管理

（一）后备公猪的培育目标

有计划选择品质优良的后备公猪，加强培育并提高利用率是后备公猪培育的目标，也是维持猪场正常猪群结构和良好繁殖性能的重要保障。

合格的后备公猪品质优良、体质健壮、肢蹄强健、体重适宜、不过肥或过瘦。通过对后备公猪的科学培育，能保持其较长种用时期和较高的利用率，从而提高猪场的生产效益。

（二）后备公猪的饲养技术

1. 提供营养均衡的饲料

后备公猪的饲料必须全面满足其营养需要，选用后备公猪专用饲料，以保持健康、促进生长发育。后备公猪料应注意保证原料的品质、控制日粮体积，以免影响后备公猪的健康和繁殖性能。同时，保证清洁、卫生的饮水。

2. 限制饲喂

为保持后备公猪的健壮体质和适宜体重，后备公猪的生长后期必须采用限制饲养方式，控制饲喂量，每天饲喂 2.2 ~ 2.7 kg。膘情控制在比同期母猪膘情低 1 分（5 分制），并根据膘情调整饲喂量。各阶段参考喂量：20 ~ 50 kg，自由采食，1.4 kg/d；50 ~ 120 kg，适度限饲，2.3 kg/d；120 kg 至初配，限饲，2.5 kg/d。新引入的后备公猪必须经过隔离、适应、防疫和驱虫等防御措施，确认健康后才能转入猪场混群饲养。

（三）后备公猪的管理技术

1. 后备公猪的日常管理

（1）环境管理：做好后备公猪的环境控制，保持适宜的环境条件。后备公猪的适宜温度为 15 ~ 20℃，相对湿度控制在 60% ~ 80%。高温对公猪的精液品质影响很大，夏季温度超过 30℃对公猪精液品质的不良影响需要 6 ~ 8 周才能恢复，夏季应将后备猪舍的室温控制在 28℃左右，并采用降温设备。

（2）分群管理：后备公猪从 4 月龄左右开始出现性行为，5 月龄后产生精子，为避免相互爬跨或偷配而影响生长发育和后期的繁殖性能，4 ~ 5 月龄需公母猪分群饲养。后备公猪在性成熟前采用小群分圈饲养，每圈 3 ~ 5 头；达到性成熟后需单栏饲养，并且远离母猪舍，以免对后备公猪产生不良刺激，导致后期配种困难甚至出现恶癖。

（3）合理运动：运动有利于增进后备公猪的健康，保证肢蹄健壮，促进生长发育，控制膘情。后备公猪运动可采用驱赶运动、自由运动甚至放牧运动，规模化猪场多采用驱赶运动。每天在上下午各 1 次、1 ~ 2 km/次驱赶运动，有助于增强后备公猪的体质健康，提高精液品质。

（4）定期称重：后备公猪需定期称重，以便根据体重变化情况及时调整饲养方案，保证后备公猪的体质，避免过肥或过瘦。

（5）保健防疫：科学制订免疫程序，严格执行免疫制度，尤其要对后备公猪接种细小病毒和乙型脑炎疫苗。

2. 后备公猪的配种调教

（1）调教训练：后备公猪的调教非常重要，此时的配种（采精）经验直接影响其今后的性行为和配种能力。调教时间不能过早或过晚，调教的人员和方法是决定调教成败的关键因素。后备公猪的调教时间因品种而异，国内品种一般 4～6 月龄，国外品种一般 7～8 月龄，持续 1～1.5 个月。调教训练在早、晚饲喂前空腹时进行，调教时间每次限制在 15～20 min。调教时间太长，容易使公猪对假台畜失去兴趣，导致后备公猪调教失败。

调教后备公猪必须固定调教人员和场地。调教人员在调教后备公猪的过程中应保持充分的耐心，多亲近公猪、多交流，消除后备公猪的恐惧心理，规范操作、动作轻柔，严禁粗暴对待后备公猪，减轻后备公猪的负担，有利于激发小公猪的性反射，保证调教成功。

（2）调教方法：调教方法主要采用观摩法、发情母猪引诱法和假台畜法。

① 观摩法：把后备公猪赶入待采精栏，自由观摩采精栏内成年公猪的配种或采精过程，刺激后备公猪的性欲；注意观察后备公猪的性兴奋反应，大部分后备公猪需经过几次观摩后会出现性反射，如出现性反射可利用假台畜对小公猪进行配种或采精训练。首先采精员挤出包皮内的积尿，用洁净的毛巾擦掉包皮上的粪尿。工作人员上下按摩包皮（套包皮），刺激阴茎勃起。此步骤需要耐心，如遇后备公猪啃咬采精栏，则采精人员坐在采精栏上，暂停操作，让公猪自由活动，消除其恐惧，等 5 min 后再重复进行刺激。其次，待后备公猪阴茎伸出后，用“反向法”抓住龟头，并顺势拉出阴茎；如果公猪龟头松软，可用手一紧一松按摩龟头，刺激其性反射；抓住龟头后大多数公猪会出现兴奋，个别公猪稍微慢些，则采精人员可以发出轻柔的声音，用另一只手引导后备公猪爬跨假台畜或用脚将公猪的头部轻轻推向假台畜，一般公猪会爬跨假台畜。公猪爬跨假台畜后，工作人员应及时用身体顶住公猪的臀部，防止公猪后退，龟头伸出时蹲下身体，用“反向法”抓住龟头，待阴茎自动伸出或顺势拉出阴茎。最后，当后备公猪阴茎伸出或顺势拉出后并出现射精反射时，则用准备好的集精杯采集精液。完成采精后，后备公猪的阴茎会变软变细，自动收缩，采精人员慢慢松手，让后备公猪自己跳下假台畜。

② 发情母猪引诱法：把后备公猪和发情期的小母猪赶入采精栏，刺激后备公猪的性兴奋；将小母猪固定在假台畜旁，引诱后备公猪爬跨处于发情期的小母猪，

待阴茎伸出或工作人员套包皮、刺激阴茎伸出后，用“反向法”抓住龟头并顺势拉出阴茎；其他工作人员将后备公猪“轻、快”地抬上假台畜，赶走小母猪，采集精液；完成采精后，让后备公猪自己跳下假台畜。注意选择处于发情高潮期的小母猪，并固定好母猪不要走动，以免影响后备公猪的性反射。如遇小公猪爬跨后阴茎不伸出或拒绝假台畜，工作人员可以按摩包皮，刺激阴茎伸出。赶走母猪时不要让后备公猪看见小母猪。

③ 假台畜法：将后备公猪赶到调教栏内，在假台畜上涂抹发情母猪的阴道分泌物或尿液，调教人员模仿发情母猪的叫声，可以刺激后备公猪的性兴奋。如果后备公猪表现出爬跨欲望但没有爬跨成功，第二天应再次调教，加强刺激，大多数几次后即可调教成功。如果后备公猪屡次调教均不能爬跨，则可以在调教前，注射雄性激素，刺激反射，一般可获成功。

二、成年公猪的饲养管理

成年公猪承担了猪场配种的主要任务，公猪的精液品质直接影响母猪的受胎率和猪场的生产效益。采用标准化饲养、精细化管理技术，有利于保证公猪的营养均衡、保持良好的种用体型，维持健康状态，获得品质优良的精液，提高母猪的受胎率，提高猪场的生产效益和经济效益。

（一）成年公猪的饲养技术

1. 提供体积小、营养均衡的饲料

种公猪的营养水平是影响精液品质的重要因素，种公猪的日粮应满足其营养需要，营养全面、体积小，以精料为主，配合适量的青绿饲料。精、青料比不超过1∶1～1∶1.5；配种期可增加动物性蛋白质饲料，以提高精液品质。规模化猪场常年都可以配种，全年供给种公猪营养均衡的日粮，保证其种用体况、良好的配种能力和优良的精液品质。有的猪场采用季节性配种、产仔，种公猪的日粮则需要在配种季节到来前一个多月逐渐提高营养水平，在配种期间要保持较高的营养水平，配种季节过后，逐渐降低营养水平，但仍要保持种用体况。

2. 限制饲喂

在满足营养需求的前提下，成年种公猪必须采用限制饲养方式，控制饲喂量，

才能保持其良好的种用体况和配种能力。成年种公猪应定时定量饲喂，常年配种的成年种公猪参考喂量：体重 250 kg 以下，饲喂 2～3 次/d，2.3～2.5 kg/d；体重 250 kg 以上，饲喂 2～3 次/d，2.5～3.0 kg/d。季节性配种的成年种公猪，在非配种季节减少 20%的饲喂量。每天保持充足清洁的饮水。

（二）成年公猪的管理技术

1. 日常管理

（1）单圈饲养：成年公猪应单圈饲养，以免相互打斗。公猪舍面积 5～9 m^2（漏缝地板 4.5 m^2、无缝地面 6.5 m^2、大型公猪 9 m^2），圈高 1.3 m 并远离母猪舍。地板必须具备防滑功能，以免影响公猪的肢蹄和防止公猪摔伤。成年公猪的适宜温度为 13～18℃，高温影响公猪的性兴奋，降低公猪的性欲，同时影响精子的生产、降低精液品质。

（2）保持运动：成年种公猪必须保持适度的运动，有利于增进食欲、帮助消化，增强体质、避免过肥，提高公猪的繁殖能力。1～2 次/d，2～3 km/d 左右。夏季可选择早晚凉爽的时候，冬季选择中午温暖的时候进行户外运动，禁止在严寒酷暑、风雨霜雪等恶劣天气做户外运动。季节性配种的猪场，在配种任务繁重时，可以减少运动或暂停运动，以保持种公猪的营养、运动和配种的平衡。

（3）日常护理：每天打扫圈舍 2 次，刷拭公猪身体、清洁皮肤，促进血液循环、减少疾病，有利于保证公猪的健康体质和良好配种能力。成年种公猪的肢蹄健康是影响公猪配种能力的重要因素，肢蹄不良会导致公猪配种能力下降甚至丧失配种能力。保持圈舍地面平坦、干燥、防滑，避免公猪肢蹄受损。定期修剪、护理成年种公猪的肢蹄，保持公猪的正常配种能力。定期剪除犬齿，避免公猪伤害工作人员和母猪。避免公猪咬架，如公猪相遇时咬架，可放出发情母猪引走公猪，也可用水冲公猪、用木板隔离公猪，以免出现伤亡事故。配种期间，应每 10 d 检查一次精液品质，并根据结果调整饲养管理，这是提高受胎率的重要措施。

2. 配种管理

公猪的配种能力和使用年限受利用强度的影响，加强成年公猪的配种管理，协调公猪配种利用强度、利用年限和精液品质的平衡，提高配种效果。

（1）适时利用：后备公猪适宜的配种利用时间在性成熟后、体成熟之前，受品种、年龄和体重等因素的影响。我国的地方品种明显早于引进品种，地方品种早于培育品种。以地方猪为例，虽然后备公猪 6～7 月龄即可达到性成熟，为保证后备猪的生长和繁殖性能，一般在 8 月龄、体重达到 120 kg、精液活力达到 0.8、密度达到中等以上、经过调教的后备公猪就可以开始配种利用。

（2）定期检查精液品质：采用人工授精的猪场每次采精后需检查精液品质；采用本交的猪场，成年公猪每月需检查精液品质 1～2 次，初配公猪每月检查精液品质 2～3 次。检查精液的色泽、气味、密度、活力、外形和顶体等指标，根据公猪的年龄和精液品质确定公猪的采精或配种的次数。

（3）控制配种强度：初配公猪 2～3 d 一次；1～2 岁的种公猪可隔日一次；2～4 岁的种公猪可每天一次，连续 4～5 d 应休息一天。在配种繁忙季节，一天最多可配两次，并且应间隔 4～6 h。长期没有配种或采精的公猪，精液中精子数量少、质量差，头几次的精液应丢掉，以保证母猪的受胎率。

（4）控制利用年限：种公猪最优利用年限为 2 年左右，为提高种母猪的受胎率，应及时淘汰老龄、过肥或过瘦、精液品质差、配种能力下降，以及患有生殖疾病、肢蹄病和恶癖的种公猪，保持种公猪的年龄结构和公母比例。一般种公猪的淘汰率在 30%～50%左右。

第二节　种母猪的饲养管理

种母猪包括后备母猪、妊娠母猪、哺乳母猪，是养猪业重要的再生产资源，就像猪场的生产机器，母猪的繁殖性能是影响猪场生产效益和经济效益的重要指标。加强种母猪的标准化饲养，实施精细化管理技术，有利于提高种母猪的繁殖性能，保证猪场的生产效益和经济效益。

一、后备母猪及空怀母猪的饲养管理

（一）后备母猪的培育

1. 后备母猪的培育目标

后备母猪的培育目标是有计划选留（选购）品质优良的后备母猪，加强后备母猪的饲养管理，维持种母猪的正常种用体况，能正常发情排卵，保持较高的配种率和受胎率，维持较长的种用时期和较高的利用率，从而提高猪场的生产效益。

2. 母猪群的构成

规模化猪场的种母猪群包括核心群、繁殖群和生产群。群体大小根据生产群母猪的数量来确定，三个群体的比例保持 1∶5∶20，母猪的年龄结构保持合理的比例，规模化猪场母猪胎龄结构比例见表 6-1。

表 6-1　规模化猪场母猪胎龄结构比例

母猪胎次	1～2	3～6	7 胎以上
比例（%）	25～30	60	10～15

3. 后备母猪的选择

（1）后备母猪的选择依据：后备母猪主要根据体质外貌、生长发育和繁殖性状进行综合选择。根据母猪的体质外貌，选择符合本品种的典型外貌特征，体质健壮、母性特征明显的个体留作种用；根据母猪的生长发育，选择生长发育迅速的母猪留作种用；根据母猪的繁殖性状，选择繁殖性能指标好的母猪留作种用。

（2）后备母猪的选择方式：采用本场选留的猪场，母猪的选种需经过断奶阶段、后备阶段和第一次产仔 3 个阶段的选择，分别依据断奶窝重、生长发育和初情期、产仔性能进行选留。外购母猪的选种也包括 3 个阶段的选留。购回后 2～3 周，选留的重点是隔离饲养、适应环境，增强抵抗力、缓解应激；4～5 周，选留的重点是进入种猪舍、适应猪场的微生物群体；6～7 周，选留的重点是母猪的产仔数、母性行为。

（二）后备母猪的饲养技术

后备母猪的标准化饲养技术是根据后备母猪的几个阶段的营养需要特点进行科学饲喂，保证后备母猪的营养需要，维持母猪的正常种用体况和正常的繁殖性能，有利于延长母猪的利用年限和多胎高产。

1. 生长阶段

5 月龄之前、体重在 30～70 kg 的后备母猪，生长发育迅速，应充分保障小母猪的营养需要，并保持良好体况。在生长前期，体重在 45 kg 之前可以采用自由采食的饲养方式，45 kg 后开始增加日粮中钙磷的含量，分别饲喂保育、生长育肥阶段的饲料，采食量控制在 1.3～1.8 kg 左右。

2. 培育阶段

5～6 月龄、体重在 70～90 kg 的后备母猪，应换用后备母猪料，采用限量饲喂方式。供给充足的氨基酸、钙磷和维生素等养分，限制能量的摄入。一般日增重控制在 500 g，采食量 1.9 ~ 2.2 kg 左右。

3. 初情阶段

6 ~ 7 月龄、体重在 90 kg 至第一次发情的母猪，应根据母猪的体况调整饲喂量，采食量 2.3 ~ 2.7 kg 左右，控制母猪的体重，使母猪第二次和第三次发情时体重保持在 110 ~ 120 kg。此阶段应注意母猪的体况、发情排卵和运动的平衡，有计划地安排母猪与公猪接触或观摩配种，诱导母猪发情。后备母猪第一次和第二次发情通常不进行配种，选择在第三个或第四个发情期配种较合适。

4. 适配阶段

后备母猪配种前半个月至配种、体重在 120 kg 的后备母猪，应采用自由采食的饲养方式，开展短期优饲，饲喂量控制在 2.7 ~ 3.2 kg，保持母猪的种用体况和发情表现，有利于增进母猪的排卵数。配种后适当降低采食量，有利于增加受胎率。

（三）后备母猪的管理技术

1. 后备母猪的日常管理

（1）环境控制：后备母猪的适宜温度是 20 ~ 22℃，适宜的湿度是 60% ~ 80%，集约化养殖的通风极限范围是 16 ~ 100 m^3/h。光照保持在 16 h/d 以上，照度 50 Lux，可有效提早发情和提高窝产仔数。

（2）分群管理：后备母猪采用分栏小群饲养，体重 70 kg 之前的生长阶段通常 6 ~ 7 头/栏，体重 70 kg 之后的培育阶段通常 3 ~ 4 头/栏。单栏饲养不利于母猪的发情，大栏饲养母猪间适当追逐、爬跨有利于母猪的发情。但是，大栏饲养应控制好饲养密度，以免拥挤、打斗导致母猪受伤和影响发情。

（3）适当运动：后备母猪每天适当的运动有利于促进母猪的生长和均衡发育，保持母猪的四肢坚实灵活，提高母猪的抵抗力；保持种用体况和控制体重，有利于促进母猪尽早发情。

（4）定期称重：后备母猪应定期称重，以便于根据母猪的体重、体况和发情表现调整母猪的饲养管理，保证后备母猪的正常发情和适时配种。

（5）保健防疫：科学制订免疫程序，严格执行免疫制度，后备母猪在配种前应做好免疫接种和驱虫保健工作（详细内容参考本书第七章相关内容）。

2. 后备母猪的配种管理

（1）调教训练：后备母猪的调教训练应从小母猪开始，在日常饲喂、刷拭、称重时建立和睦关系，利用触摸、口令等亲密训练手段及规律性的生活节奏让母猪放松精神，以便建立良好关系。为保证后备母猪生长发育和及早发情，训练过程中严禁打骂母猪。在母猪 5～6 月龄时利用性欲旺盛的公猪对后备母猪进行诱情训练，2 次/d、10～15 min/次，每次间隔 8～10 h，可有效促进母猪发情。

（2）适时配种：初配时间太早会降低母猪的繁殖性能，太晚会导致母猪体况过肥，影响母猪的繁殖性能，甚至导致不育。后备母猪初配适龄在 7～8 月龄，不超过 10 月龄，体重在 120～130 kg，第三或第四个发情期，背膘厚 16～18 mm 最适宜（详细内容参考本书第四章相关内容）。

（3）后备母猪的催情技术：对于不发情的后备母猪，可以采用公猪刺激法、外源性刺激法、按摩刺激法、观摩刺激法、短期优饲法、应激刺激法等催情措施，促进母猪发情排卵。

（四）空怀母猪的饲养管理技术

正常情况下，母猪分娩后到仔猪断奶时只有 7～8 成膘情，断奶后 5～7 d 就会发情，此段时间为母猪的空怀期。空怀期的饲养管理直接影响猪场母猪年产仔窝数，空怀母猪饲养管理的主要目的是使母猪迅速恢复体力，达到繁殖母猪的正常体况，以便再次发情配种。

1. 空怀母猪的饲养技术

（1）短期优饲、促进发情：空怀母猪的主要饲养任务就是抓好短期优饲，保证母猪的营养需要，尤其应注意保证蛋白质的数量和品质，以及钙磷和维生素的供给。短期优饲有利于诱导母猪发情排卵，保证卵子的正常发育，提高排卵数和受胎率。

（2）根据体况、调整饲喂：空怀母猪需要根据体况调整饲喂量，保证母猪的膘情，促进母猪正常发情排卵。正常体况的母猪可以在断奶前 3 d 减料，促使母猪尽快干乳，干乳后至配种日期间需增加饲喂量，有利于促进空怀母猪发情并增加排卵数。而膘情差的空怀母猪断奶前不能减料，断奶后需及时增加饲喂量，以利于迅速恢复体况，促进母猪正常发情排卵。对于断奶前体况很好或过肥的母猪，断奶前后都要减料并适当增加运动，以控制正常体况，促进空怀母猪发情排卵。

2. 空怀母猪的管理技术

（1）日常管理：空怀母猪舍需要保持清洁、干燥、新鲜的空气环境，温度控制在 12～15℃为宜。空怀母猪可以采用单栏饲养和小群饲养的方式。规模化猪场常采用单栏饲养方式，小群饲养方式有利于刺激空怀母猪发情排卵，以及工作人员发情鉴定和公猪试情。工作人员通过观察判断母猪的健康状况，及时发现和治疗有疾病的母猪，调整饲养方案。

（2）配种管理：空怀母猪的管理技术关键是发情鉴定，配种人员和饲养人员每天早晚两次对空怀母猪的发情症状进行观察和记录，以便安排及时配种。对于超过10 d不发情的空怀母猪，需采取措施促进母猪发情，若两个情期仍不发情则应及时淘汰。对于体况正常而不发情的母猪可采用换圈、公猪诱情、按摩乳房等方法，甚至用药物治疗。如果是营养的原因，则调整日粮；如果是运动的原因，就增减运动量。

二、妊娠母猪的饲养管理

妊娠母猪的饲养管理直接影响到母猪的繁殖力和仔猪的生长情况。母猪的妊娠期分为妊娠前期、妊娠中期和妊娠后期三个阶段，胚胎在着床期、器官形成期和迅速生长期形成三个死亡高峰期。妊娠母猪的标准化饲养和精细化管理技术有利于保证胎儿在母体内正常发育，防止流产和死胎，获得数量多、体格健壮、生活力强、初生重大的仔猪，保持母猪中等以上体况、较高的泌乳力和断奶成活率。

（一）妊娠母猪的饲养技术

1. 饲养方式

根据妊娠母猪和胚胎发育的特点，妊娠前期要注意营养的全价性，后期要保证胎儿迅速生长的营养需求量。生产中需根据断奶后母猪的膘情分别采用“抓两头、顾中间”“前低后高”“步步登高”三种饲养方式。

（1）抓两头、顾中间：对于膘情差的妊娠母猪，在妊娠的前、中、后3个阶段，按照营养水平高-低-高的方式进行饲养。妊娠前期增加精料和富含维生素的饲料，提高妊娠前期的营养水平，使母猪迅速恢复体况；妊娠中期母猪膘情恢复后，降低营养水平，减少精料饲喂量，按照饲养标准饲喂；到妊娠后期再增加精料饲喂量，保证胎儿的生长。

（2）前低后高：对膘情好的母猪，在妊娠的前、后2个阶段，按照营养水平前低后高的方式进行饲养。妊娠前期胚体增重小、母体膘情好，应控制精料量，增加青粗饲料，适当降低营养水平；妊娠后期胚体生长发育加快，营养需求增大，必须增加精料饲喂量，以满足胎儿生长发育的营养需要，保证胎儿的正常生长发育。

（3）步步登高：对初配青年母猪，在整个妊娠期，按照营养水平逐步增高的方式进行饲养。妊娠期内，初配母猪的身体还未发育成熟，胎儿生长发育不断增强，整个妊娠期的营养水平需随妊娠期逐渐提高，增加精料喂量，至分娩前 1 个月达到高峰，产前 3 ~ 5 d 逐渐减少饲喂量，既可以满足胎儿的正常生长发育，又可以保证青年母猪自身的生长。

2. 饲喂技术

（1）限制饲养：妊娠母猪实行限制饲养，根据不同的饲养方式定时定量饲喂母猪，避免母猪过肥或过瘦。

（2）提供优质饲料：严格控制妊娠母猪的饲料原料品质，不要随意更换饲料，禁止饲喂已经发霉、变质、冰冻、结块的饲料原料，避免由于饲料原料引起母猪流产或死胎。

（二）妊娠母猪的管理技术

1. 妊娠母猪的日常管理

（1）环境控制：妊娠舍应保证适宜的温度、湿度、光照和清洁干燥的环境。妊娠母猪舍的适宜温度是 18 ~ 21℃，适宜的湿度是 50% ~ 70%，高温给妊娠母猪带来不良影响，尤其是前 3 周和最后 3 周。炎热夏季必须采取降温措施，防止舍温过高，以免造成胎儿死亡。冬季应采用保温措施，防止母猪因感冒发烧引起胚胎死亡或流产。

（2）分群管理：妊娠母猪可以采用小群圈养、定位栏饲养或前期小群饲养、后期定位栏饲养的方式。小群饲养便于妊娠母猪的自由运动和增进食欲，定位栏饲养有利于精确控制采食量、避免拥挤。控制饲养密度，避免妊娠母猪因争食、打斗、咬架和碰撞造成的死胎增多或机械性流产。细心管理妊娠母猪，禁止打骂、惊吓母猪，以免造成机械性流产。仔细观察母猪的采食、饮水、粪尿、精神状态和卫生防疫情况，以便及时处理。定期刷拭和按摩乳房，有利于建立良好的人畜关系，便于母猪的分娩护理。

（3）合理运动：妊娠初期适当运动有利于增加食欲；妊娠中期可适当增加运动，每天 1 ~ 2 h 的运动，可增强体质，有利于胎儿的生长和顺利产仔；妊娠后期应减少运动，采用自由运动方式；产前应停止运动。妊娠母猪运动时应特别注意不要转急弯，防止拥挤、咬架、跌倒和突然惊扰，以免引起流产。

（4）卫生防疫：加强环境卫生，及时清除粪便，保持圈舍清洁、干燥，采取防蚊蝇措施，防止蚊蝇叮咬和疾病传染。特别注意避免高热性疾病，消灭易传染给仔猪的内外寄生虫病，以免引起死胎和流产，影响仔猪的成活率和断奶窝重。做好免疫接种（详细内容参考本书第七章相关内容）。

（5）有效防治便秘：妊娠后期，母猪由于缺乏运动、饮水不足、缺乏青绿饲料，以及病源性、药源性和妊娠后期生理性等原因导致母猪出现便秘，影响母猪的食欲和消化机能，母猪出现产程延长或难产，仔猪健仔率和成活率降低。并且容易导致母猪感染产后母猪综合症（MMA），母猪分娩后出现产后三联症：乳腺炎、子宫炎和无乳。对于便秘的妊娠母猪应及时采用综合措施解决或改善母猪的便秘情况。及时调整妊娠母猪的日粮，适当增加青绿饲料，合理调整运动，加强防疫、保健措施，辅以药物治疗，缓解母猪的便秘。保证母猪的正常分娩和泌乳。

（6）妊娠鉴定：母猪配种后应及早进行妊娠鉴定，有利于合理安排生产，减少饲料浪费，避免漏配、误配和流产。

2. 产前管理

（1）产前准备：保持分娩舍清洁干燥，检查分娩舍的设备，为母猪和仔猪创造良好的环境。产前 1 周做好圈栏、器具、人员的清洁和消毒准备工作（详细内容参考本书第四章相关内容）。

（2）产前管理：母猪进入分娩舍后应固定饲养人员，细心照顾母猪，尤其是初产母猪。多接触母猪，按摩母猪背部和乳房，保持环境安静。产前 3 ~ 7 d 停止运动，产前 3 ~ 5 d 根据母猪的膘情和乳房发育情况调整精料的喂量。对体况好的母猪，应将精料喂量减少到妊娠后期的 1/3 ~ 1/2，并停止饲喂青绿多汁饲料和发酵饲料，以免乳汁过多，引起乳房炎。对乳房发育差的母猪，应当增加富含优质蛋白质的催乳饲料，如饼类、蚕蛹、鱼粉等，并且可以饲喂少量青绿多汁饲料。

3. 分娩管理

（1）分娩监控：妊娠母猪在临产时需加强临产观察，重点观察母猪的乳房、外阴和行为变化，准确判断母猪的分娩时间。母猪大多可以自行完成分娩活动，如发现母猪产程过长或难产的情况，应适时采取人工助产措施或及时进行催产和难产手术（详细内容参考本书第四章相关内容）。

（2）分娩管理：母猪分娩后应立即拿走胎衣，以免母猪因口渴吞食胎衣影响消化甚至养成食仔的恶癖。产后及时更换清洁、干燥的垫草，并清洗母猪的阴部和后躯。母猪产仔失水多，体力消耗大，当天应保证饮水。

4. 产后管理

（1）产后仔猪的护理：初生仔猪的断脐、清洁、称重、吃初乳、保温、剪犬齿、断尾、打耳号、免疫接种及假死仔猪的急救工作(详细内容参考本书第四章相关内容)。

(2)产后母猪的护理：产后的母猪可以适当喂给容易消化的饲料，并调制成粥状。2～3 d之后，可根据母猪的食欲逐渐增加精料喂量，到产后一周左右采用哺乳母猪的饲料，及时补充营养，促进母猪泌乳。产后前 2～3 d，应让母猪多休息、少运动，保持环境的安静。

三、哺乳母猪的饲养管理

哺乳母猪的饲养管理直接影响母猪的泌乳量和泌乳期的失重，这将影响哺乳仔猪的断奶成活率、断奶个体重以及空怀母猪的发情和排卵，并且对猪场的生产效益和经济效益产生重要的作用。根据哺乳母猪的生理特点，采用标准化饲养、精细化管理技术，有利于提高哺乳母猪的采食量，保证哺乳母猪的泌乳量，减少哺乳母猪泌乳期失重，维持母猪良好体况，是获得仔猪最高断奶个体重和断奶成活率的重要保障。

(一)哺乳母猪的特点

1. 哺乳母猪的生理特点

(1)营养需求高、体重下降：哺乳母猪代谢旺盛、营养需求量大，常出现体重下降的现象。哺乳期母猪失重过大会导致空怀期延长，甚至影响下一胎的产仔数。为防止母猪失重过多而影响断奶后发情、排卵，应将母猪失重控制在产后 3 d 体重的 15%～20%以内。

(2)泌乳量不同、哺乳次数多：母猪不能储存乳汁，仔猪吮吸乳头引起母猪分泌乳汁；母猪的乳头之间各不相通，前面乳头的泌乳量比后面乳头的泌乳量高；母猪哺乳次数多、间隔时间短、放奶时间更短；母猪的泌乳量在产后 10 d 逐渐上升，到 21 d 左右达到高峰，之后逐渐下降；母猪产后 3 d 分泌的乳汁(初乳)营养丰富，含免疫球蛋白和镁盐，可提高仔猪的抵抗力和促进仔猪排出胎粪，对提高仔猪的成活率非常重要。

2. 哺乳母猪的生产目标

母猪的泌乳量因品种、年龄、带仔头数、饲养管理和气候而不同，饲养管理是影响母猪泌乳量的关键因素。因哺乳母猪的泌乳量不便直接测量，生产中常将仔猪的断奶成活率和断奶个体重(断奶窝重)作为衡量哺乳母猪饲养管理的目标。正常情况下，仔猪断奶成活率需控制在 80%～90%。断奶个体重因品种、断奶时间和断奶方法而异。通常 21 d 断奶的仔猪，断奶个体重的目标是 5.5 kg，28 d 断奶的仔猪，断奶个体重的目标是 7.2 kg。

（二）哺乳母猪的饲养技术

根据哺乳母猪的生理特点和生产目标，哺乳母猪的饲养以增加母猪的采食量、减少失重为原则，提高母猪泌乳力，确保母猪断奶后正常发情排卵。

1. 提供全价日粮

哺乳母猪的日粮应当全价均衡，适口性好，体积较小。日粮以精料为主，日粮消化能需要达到 14.2 MJ/kg。可加喂优质的青绿多汁饲料，尤其是胡萝卜。夏季添加高能量日粮（油脂），增加母猪的能量摄入量，以及妊娠期对母猪采取限制饲养、减少母猪妊娠期的养分储备等措施，都有利于提高哺乳母猪的采食量，降低母猪失重，提高母猪泌乳力。

2. 饲喂技术

为提高哺乳母猪的采食量，采用自由采食或定时定量的饲喂方式。分娩当天母猪体力损失大，产后 2～3 d，母猪体质弱、代谢低，不宜饲喂太多饲料，需保证充足饮水。规模化猪场一般在产后第 1 天饲喂 1 kg，之后逐渐增加 0.5～1.0 kg/d，到第 7 d 按自由采食的量饲喂或自由采食，3 次/d，断奶前 2～3 d 逐渐减少饲喂量，以免断奶后引发乳腺炎。产后体况好、消化力强、带仔多的母猪可提早加料，促进母猪泌乳。为提高母猪的消化力、改善乳质、防止仔猪下痢，可在母猪产后一周内，每天将 25 g 左右的小苏打分 2～3 次投入饮水中饲喂。对于粪便干硬或便秘的母猪可以增加饮水，在日粮中添加小麦麸、镁盐等具有轻泻作用的饲料。

（三）哺乳母猪的管理技术

1. 日常管理

（1）环境控制：保持圈舍清洁卫生，清洗消毒产床和母体，及时清除粪便。保持舍内温暖、干燥和安静的环境，有利于避免母猪产后感染、母猪的泌乳量降低或出现无乳的情况，导致初生仔猪发育缓慢甚至死亡。减少环境应激、增加动物福利，创造适合仔猪的环境条件，冬季注意防寒保暖，夏季注意防暑降温，有利于提高仔猪的断奶成活率和断奶个体重。

（2）适当运动：每天坚持适当的运动，可促进母猪体质健壮和提高泌乳力。产后第 3 d 开始，天气晴好时可以让母猪带仔猪或单独到户外自由活动，有利于恢复母猪体力、促进母猪的消化和提高泌乳机能。

（3）母猪的护理：分娩前后按摩乳房、促进乳腺发育，有利于提高母猪的泌乳力。保持母猪乳房和乳头的清洁，训练母猪两侧交替躺卧，便于仔猪吃奶。如果有空余乳头，应训练仔猪吃两个乳头，以免影响乳房的发育和今后的泌乳量。设置母猪限位栏和保育间，防止母猪踩压仔猪，有利于母猪和仔猪的采食和休息。定时观察母猪和仔猪的情况，以便采取相应的措施，保证母仔正常生长。对于产后无乳或少乳的母猪应积极治疗。

2. 母猪缺乳、无乳的处理

（1）寄养和并窝：对于母猪产后缺乳或无乳，以及活产仔数超过有效乳头数的母猪，需要把仔猪交由其他哺乳母猪进行寄养。如果两头母猪的产仔数都少，则可以把两窝仔猪合并为一窝并窝饲养。这样既可以保证仔猪的正常生长发育，又可以使母猪提早停止哺乳，提早发情配种，有效提高猪场母猪的年生产力。寄养和并窝时需要注意，两窝仔猪的生产日期相差不超过 2 ~ 3 d、体重相近；选择泌乳量高、性情温驯、有空闲乳头的母猪担任寄养母猪；仔猪必须吃初乳后再寄养或并窝，将后出生的仔猪固定在前面几个乳头哺乳，个体大、先出生的仔猪固定在后面几个乳头；为保证寄养或并窝成功，在寄养或并窝前，在被寄养或并窝的仔猪身体涂抹寄养母猪的乳汁或尿液，用稀释的酒精、来苏儿等有气味的药水涂在仔猪身上，以免母猪拒绝哺乳，甚至咬死、咬伤仔猪；如果仔猪不吃寄养母猪的奶，可采取饥饿疗法，让仔猪饿 2 ~ 3 h 后再哺乳。

（2）人工乳饲养：对于母乳不足或无乳的母猪，也可以配制人工乳代替母乳饲养仔猪。人工乳配方：鲜牛乳煮沸后与沸水按照 4∶1 配合，加入适量维生素、矿物质、免疫球蛋白 G。如果没有鲜牛乳可以用代乳粉替代，按照 250 g 代乳粉与 1 000 mL 沸水配合。

（3）人工催乳：对于部分泌乳量不足或缺乳的母猪需要分析产生的原因，在母猪产后采取相应措施人工催乳，以免降低仔猪的断奶成活率。人工催乳主要是针对形成的原因调整日粮，促进母猪泌乳。通常可以采用增加日粮中的青绿多汁饲料的饲喂量，增加豆类、鸡蛋、胎盘、虾皮、泥鳅、鱼粉等蛋白质饲料，饲喂黄酒红糖、红糖白酒、芝麻麦芽等方法达到人工促进母猪乳汁分泌的作用。

第三节 仔猪的饲养管理

仔猪的饲养管理包括哺乳仔猪和断奶保育仔猪的饲养管理，从初生到断奶的仔猪称为哺乳仔猪，断奶到 70 d 阶段的仔猪称为保育仔猪。仔猪处于生长发育的高峰期，其消化和机体调节能力差、免疫力低，影响仔猪的健康和生长发育。采用标准化饲养技术和精细化管理措施促进仔猪的生长、提高仔猪成活率是提高养猪生产水平和降低生产成本的关键。

一、哺乳仔猪的饲养管理

哺乳仔猪的培育是影响哺乳仔猪生长和成活的关键。获得较大初生重为哺乳仔猪饲养管理提供了良好的先天条件，根据哺乳仔猪的生理特点，加强哺乳仔猪的培育，是提高猪场生产效益和经济效益的重要保障。

（一）哺乳仔猪的生理特点

1. 生长发育快，物质代谢旺盛

哺乳仔猪生长发育快、生长强度大。哺乳仔猪相对生长速度非常快，初生体重不足成年体重的 1%，2 周龄时增长 3 倍，4 周龄时达 5 倍，6 周龄 6 ~ 7 倍，8 周龄时达到 30 倍，到 60 d 后逐渐减缓。在体重增长的同时，骨骼、肌肉和脂肪的生长顺次到达高峰。哺乳仔猪的体重增长需要大量营养物质满足其旺盛的代谢需要，而母猪的泌乳量在 20 d 左右即达到高峰，之后逐渐降低，不能满足仔猪迅速生产的营养需求。同时，哺乳仔猪对营养不均衡和营养不足反应很敏感。及早补饲营养全价均衡的饲料，才能保证哺乳仔猪的正常生长。

2. 消化器官不发达，消化机能不完善

哺乳仔猪的消化器官在出生后的相对重量和容积较小，消化器官不发达、胃肠运动机能微弱、消化酶发育不完善。一般 20 d 前只有凝乳酶，有利于乳汁在小肠内消化，因缺乏盐酸不能激活胃蛋白酶，蛋白质消化能力差。20 d 后胃底腺才开始分泌游离盐酸，逐渐激活胃蛋白酶，至 30 ~ 40 d 具备抑菌和杀菌作用。哺乳仔猪料中

添加酸化剂、控制蛋白质水平可有效提高哺乳仔猪的消化率和预防营养性腹泻。哺乳仔猪表现出食物排空快、哺乳次数多的特点。应提早补饲、刺激哺乳仔猪消化器官的发育、促进消化机能的完善。补饲时，应增加饲喂次数，有利于消化。

3. 初生仔猪的体温调节机能不完善、行动不灵活

初生仔猪的体温调节机能不完善、行动不灵活。仔猪怕冷，喜欢挤在一起或钻在母猪的腹下，因此容易被压死、踩死，尤其是出生第一天，这是初生仔猪死亡的重要原因。出生当天体表黏液、羊水的蒸发带走大量热量，仔猪被毛稀少、皮下脂肪极少，保温隔热能力差，只能靠肌肉颤抖和挤堆取暖来保持体温。仔猪最适宜的环境温度随日龄升高而逐渐降低，刚出生时 32～35℃，第 1 周 28～32℃，第 2 周 25～28℃，第 3～4 周 22～25℃。因此，保证分娩舍适宜的环境温度，加强初生仔猪的保温措施，减少仔猪直接接触地面，减少仔猪的冷应激，有利于提高仔猪的成活率。

4. 初生仔猪缺乏先天免疫力、抗病力差

妊娠母猪不能通过胎盘向仔猪传递免疫抗体，初生仔猪只有通过吃初乳才能获得母源性抗体，并过渡到自身产生抗体而获得免疫力。规模化猪场加强青年母猪的免疫接种，可有效预防新生仔猪腹泻。出生 24 h 内仔猪的小肠可以直接吸收初乳中的免疫球蛋白，80%的免疫球蛋白在出生后 6 h 即被吸收，36～48 h 后的吸收率逐渐下降。24 h 内尽早吃初乳是提高仔猪成活率的关键措施。被吸收的免疫球蛋白可保护仔猪安全渡过初生的 3 d，之后逐渐下降直至消失，大约 10 d 后仔猪自身才开始产生免疫抗体，1 月龄左右较少，大约 5～6 月龄才达到成年猪的水平。因此，出生前 10～30 d 期间应特别注意加强日常管理，预防仔猪患病，提高成活率，有利于获得最大断奶重。

（二）哺乳仔猪的饲养管理技术

哺乳仔猪的培育是规模化猪场生产的重要基础，哺乳仔猪的饲养管理水平直接影响猪场的生产效益和经济效益。提高仔猪的成活率和断奶窝重是培育哺乳仔猪的目的，饲养管理的关键技术是过好初生关、补料关、下痢关和断奶关。

1. 加强初生仔猪护理，过好初生关

出生第 1 周仔猪的护理非常关键，这将直接影响仔猪的断奶成活率和断奶窝重。

（1）初生仔猪的护理：刚出生的仔猪需加强护理，及时掏净口鼻黏液、擦干全

身羊水、断脐、称重、保温、吃初乳、剪犬齿、断尾、打耳号和免疫接种以及假死仔猪的急救等处理，以提高初生仔猪的成活率（详细内容参考本书第四章相关内容）。

（2）早吃初乳、固定乳头：仔猪产出后应及早吃足初乳，至少在出生后 1 ~ 2 h 内吃初乳，以获取丰富的营养物质和免疫抗体，提高仔猪断奶成活率和断奶个体重。饲喂初乳时，应清洗或擦拭、消毒乳房，先挤出乳头前面几滴乳汁再饲喂仔猪。由于母猪各乳头泌乳量不一样，必须训练仔猪固定乳头吃初乳。人工固定乳头需在仔猪出生后的几天，人工把体质弱的仔猪放置在前面几对乳头固定吃初乳，而把体质强的仔猪放在后面几对乳头固定吃初乳，一般经过 2 ~ 3 d 的训练，仔猪基本可以形成乳头定位。人工固定乳头可以有效避免仔猪间争抢乳头，保证仔猪的均衡生长，提高仔猪的成活率和断奶个体重，以便获得最大的断奶窝重。

（3）做好防寒保暖工作：初生仔猪体温调节能力差，特别怕冷，寒冷季节容易出现冻死、冻伤的现象，需采取防寒保暖措施，提供适宜温度、湿度和通风，防止贼风侵害。初生仔猪 1 ~ 3 d 的圈舍温度应保持在 30 ~ 32℃，4 ~ 7 d 应保持在 28 ~ 30℃；湿度控制在 60% ~ 70%；保持光线充足，空气新鲜。规模化猪场分娩哺乳舍需配备相应的保暖设备，提供仔猪适宜的环境温度。一般猪场可以因地制宜地采取选用红外线保温灯、远红外保温箱、仔猪保温板等保温设备，保证仔猪适宜的温度，提高初生仔猪的成活率。

（4）采取防止踩压措施：初生仔猪机体调节能力差、反应迟缓，为避免母猪踩压仔猪，分娩哺乳舍应设置护仔栏和保育间，将母仔分开饲养，防止母猪压死压伤仔猪，保证母猪的休息、仔猪自由采食和活动。在仔猪保育间设置红外线保温灯，有利于仔猪的保温和补饲。饲养员应当加强观察（尤其是前三天）、定时哄圈，调整红外线保温灯的悬挂高度，提供适宜的温度，防止仔猪堆叠，出现压死、压伤的情况，提高初生仔猪的成活率。

（5）补铁、补硒、补水：铁是合成血红蛋白的元素，母乳中的铁含量非常低，初生仔猪缺铁会造成缺铁性贫血、下痢。仔猪出生后 2 ~ 3 d 应补铁，以免因缺铁而影响仔猪的生长，甚至危及生命。通常采用颈部皮下注射 100 ~ 150 mg 铁制剂，必要时一周后再次注射半数剂量铁制剂。仔猪出生后 3 d 内肌肉注射 0.5 mL 1%的亚硒酸钠维生素 E 合剂。补铁可与补硒结合起来，采用铁硒合剂，有利于预防仔猪的一些疾病。仔猪出生后 3 d，就应当供应清洁的饮水，以免口渴喝脏水引起下痢。

（6）仔猪的寄养和并窝：仔猪的寄养和并圈见本章哺乳母猪饲养管理相关内容。

（7）去势：不用于留种的仔猪需要在 7 ~ 10 d 进行去势处理，去势不能和防疫同日进行。去势前需彻底消毒猪舍，操作前消毒手术者的手和仔猪阴囊手术部位的皮肤，用无菌手术刀或刀片在靠近阴囊底部处做 1 ~ 2 cm 纵向切口，挤出睾丸后，在伤口处涂抹消毒液，以免感染。挤出睾丸时，用手指捻搓精索和血管有利于止血，注意仔细检查有无疝气，以便及时处理。

2. 早开食抓旺食，过好补料关

（1）提早开食：产后 3 周母猪的泌乳高峰就过去了，仔猪及早开食补料，3 周龄已经能大量采食饲料，可以保证仔猪的正常生长，有利于提高仔猪的成活率和断奶个体重。仔猪出生 1 周后开始长臼齿，喜欢啃咬硬物。此时，利用仔猪较强的模仿力和灵敏的嗅觉进行诱食训练，锻炼仔猪的咀嚼和消化能力，促进胃酸的分泌，还可避免仔猪啃咬异物、防止仔猪下痢。7 ~ 10 日龄选择代乳料或教槽料撒在仔猪开食料槽中，训练仔猪认料、诱导仔猪舔食，3 ~ 4 次/d，将仔猪关入补料间，限制吃母乳、强制训练采食，逐渐增加投料量。注意每次投料前应换走上次的旧料，并保证补料槽位充足，且不易被仔猪移动或拱翻，补料槽高度以 8 ~ 10 cm 为宜。经过约 1 周的训练后，仔猪基本可以学会采食。

（2）抓好旺食：仔猪从开食到大量采食（旺食）这段时间的饲养管理对获取最大断奶个体重（断奶窝重）非常重要。20 ~ 30 d 后，仔猪的消化机能逐渐完善，可大量地采食饲料了。哺乳仔猪的补料要求适口性好、容易消化、营养平衡，调制成颗粒饲料或 1∶1 的湿拌料。每天至少补料 4 次，保持料槽不断料，夜间也要把料添足。保证仔猪大量采食，获取充分营养，保证仔猪的生长，有利于提高仔猪的断奶个体重。

（3）保证供给清洁的饮水：哺乳仔猪的抗病力很差，仔猪吃母乳、采食容易口渴，需安装自动饮水器并保持正常使用，保证仔猪充分自由饮用清洁饮水，以免仔猪喝脏水或尿液引起下痢，有利于提高仔猪的断奶成活率。

3. 加强管理、预防腹泻，过好下痢关

哺乳仔猪抗病力差、消化机能不健全，容易患病，尤其是腹泻病，影响断奶成活率。仔猪腹泻最常见的是仔猪白痢，严重影响哺乳仔猪的成活率和猪场经济效益。根据仔猪腹泻病的发病原因，采取综合预防措施，降低仔猪腹泻的发病率，使仔猪顺利渡过下痢关。

（1）哺乳仔猪腹泻的原因：哺乳仔猪的营养和饲养管理不当、断奶应激、疾病因素是哺乳仔猪腹泻的原因，疾病性因素是下痢的主要原因（详细内容参考本书第七章相关内容)。

(2)综合预防措施：仔猪腹泻是由多种因素造成的，生产中需采取综合措施预防仔猪腹泻，加强母猪的饲养管理和环境控制，降低仔猪腹泻发病率，提高哺乳仔猪的成活率和断奶窝重(详细内容参考本书第六、七章相关内容)。

4. 做好预防注射、去势和适时断奶，过好断奶关

(1)免疫接种：加强猪群保健，制订猪场免疫程序，做好哺乳仔猪的免疫接种，增强哺乳仔猪的抵抗力，提高仔猪的成活率(详细内容参考本书第七章相关内容)。

(2)选择适宜的断奶方法：选择适宜的断奶方法，有利于减少断奶对仔猪生长的不良影响，确保断奶仔猪的培育。仔猪断奶常采取一次断奶法、逐渐断奶法、分批断奶法三种方法。

一次断奶法：在断奶日龄时一次性将母猪赶走，将仔猪留在原舍(栏)，饲养1～2周，或母仔分开，仔猪直接进入保育舍。对于奶少的母猪，可在断奶前3 d减少母猪的饲料喂量，到断奶时间一次性停止哺乳，以减少母猪乳房炎的发病率。

逐渐断奶法：在断奶前4～6 d减少母猪饲喂量，将母猪赶走，每天定时回原圈哺乳，并逐渐减少哺乳次数，到第3～5 d停止哺乳，有利于防止母猪乳房炎或仔猪腹泻。

分批断奶法：将体重大、发育好、食欲强的仔猪及时断奶，适当延长个体小、体质弱、食欲差的仔猪的哺乳期，有利于提高整窝仔猪的均匀度。

(3)适时断奶：无论采用什么断奶方法，都会给仔猪带来营养性、环境性和心理性应激，断奶是仔猪一生中最大的应激，可能导致仔猪出现断奶后腹泻、掉膘，严重时导致仔猪死亡，降低仔猪的成活率。同时，仔猪断奶后要迅速适应新的日粮、新的环境，以及转群、免疫接种等管理应激，选择适宜的断奶时间，帮助哺乳仔猪顺利渡过断奶关，这是规模化猪场面临的重大挑战，也是提升猪场生产水平的关键技术。

现代养猪生产的仔猪断奶时间不断提前，从传统的60 d提早到35 d、28 d以及21 d，甚至18 d超早期断奶。目前，规模化猪场大多采用21 d或28 d断奶，使母猪的利用率得以大幅提升。早期断奶对保育猪培育提出了更高的要求，保持保育猪平稳过渡、健康生长成为保育猪饲养管理的重要目标。早期断奶需配合早期补料技术、添加酶制剂和酸化剂，提高仔猪消化率；采用赶母留仔的断奶方法，做到仔猪的四个维持、三个过渡，以减少环境应激；断奶后应保持保育舍清洁干燥、温度适宜、避免贼风，以减少疾病发生。确保仔猪顺利渡过断奶关，以提高仔猪断奶成活率和断奶窝重。

二、保育仔猪的饲养管理

仔猪断奶后需经过一段时间的培育，再转入肉猪或后备猪生产，这段时间是除哺乳期外猪生长发育最快的阶段，同时也是猪一生中第二个重要变化时期。猪场应根据保育猪的生理特点实施标准化饲养管理，加强保育猪的培育，尽量减少对断奶仔猪的应激影响，使断奶仔猪尽快适应新的环境，发挥生长的最大潜力，提高猪场的生产效益和经济效益。

（一）保育猪的特点及断奶应激

1. 保育猪的生理特点

（1）保温能力差：断奶仔猪的抗寒保温能力差，对环境温度敏感，离开温暖的产房后，需要一段时间的适应，创造适宜的环境温度，有利于促进仔猪生长发育，还有助于疾病的预防。

（2）消化能力差：21 ~ 28 d 断奶时仔猪的消化道还没有完全发育成熟，消化机能还不健全，仔猪还不能完全吸收饲料中的养分。断奶产生的应激容易引起消化道功能紊乱，仔猪出现下痢，精神萎靡，食欲不振，生长迟缓，饲料利用率低。

（3）抗病能力差：仔猪的免疫力由母乳获取，仔猪断奶后缺乏母源抗体的保护，而自身的免疫力尚不健全，断奶应激和由母乳产生的被动免疫抗体水平下降，使得断奶仔猪的免疫力低下，对疾病的抵抗能力很差，导致腹泻和死亡率增加。

（4）生长发育快：保育阶段仔猪生长发育迅速，食欲旺盛，仔猪常出现抢食和贪食现象。顺利渡过断奶关后，仔猪迅速生长，40 ~ 60 d 体重可增加 1 倍。

2. 断奶应激

（1）断奶应激的因素及表现：保育猪保温能力、消化能力和抗病能力差，仔猪断奶后常常出现精神萎靡、食欲不振、消化功能紊乱、腹泻甚至应激死亡，仔猪生长缓慢、饲料利用率低等应激反应。应激的原因主要反映在心理性、环境性和营养性应激因素，腹泻是仔猪断奶后最常见的应激反应，多发于断奶后 5 d 左右。

心理应激主要发生在断奶后 1 ~ 2 d，由于母猪和仔猪分开、转群或混群，仔猪之间的争斗、咬架，引发仔猪产生应激反应。环境应激主要发生在转群后 1 ~ 2 d，仔猪转群进入保育舍，由于圈舍、人员、器具的改变，以及环境温度、湿度、卫生等条件的变化，引发仔猪产生应激反应。营养应激主要发生在仔猪的饲料更换及饲喂制度的改变，仔猪采食的饲料形态、养分来源及肠道结构和功能的变化，引发仔猪产生应激反应。

（2）断奶应激的预防措施：针对断奶应激的因素，结合仔猪的生理特点，采用相应的措施，可以有效预防断奶应激或降低断奶应激带来的不良影响，提高保育猪的成活率，保证仔猪的正常生长发育。

根据哺乳仔猪的生长发育和猪场的条件，确定适宜的断奶日龄和断奶方法，断奶后做好“两维持、三过渡”，预防仔猪产生心理、环境和营养性应激反应。采取防寒保暖措施，提供适宜的温度、湿度、通风、光照，训练仔猪定点排粪，减少疾病的发生，预防仔猪环境性应激反应。采用添加氧化锌、硒-维生素 E 合剂、电解质溶液等预防仔猪的心理性应激反应。提早进行补饲训练，使仔猪在断奶前能够采食较多的补料；选择乳清粉、优质血浆蛋白等动物性蛋白替代植物性蛋白，并适当控制豆粕等植物蛋白的用量；采用制粒、膨化等加工方式，降低豆粕等植物蛋白的抗原成分，有利于减少腹泻，有效预防营养性应激反应，保证仔猪的生长发育。

（二）保育猪的饲养管理技术

保育猪生长发育迅速，但保温能力差、消化力和抗病力较低，并且断奶常使保育猪产生很大的断奶应激反应，尤其是断奶后的前 1～2 周对仔猪的生长发育、成活率造成不良影响。加强保育猪的培育，尽量减少断奶应激的不良反应，适应新的环境，减少疾病发生，促进仔猪正常生长。

1. 保育猪的饲养技术

（1）保育猪的培育要求：保育阶段应充分满足保育猪的营养需要，合理调配仔猪日粮，预防和减少营养性应激反应，保持正常的消化机能，减少疾病的发生，提高饲料的利用率，保证仔猪的正常生长。

（2）保育猪的饲喂技术：保育猪的饲喂技术关键就是做到“两维持、三过渡”，减少由于营养、环境和心理方面产生的断奶应激，有助于促进仔猪生长发育。

两维持：维持原圈（窝）饲养、维持原料的饲料。第一，采用“赶母留仔”的方法，维持原圈和原来的环境饲养 1～2 周后再转入保育舍。规模化猪场采用全进全出的方式，仔猪断奶后即转入保育舍，仔猪分群、转群后尽量原窝饲养。第二，转入保育舍后第 1 周仍然采用哺乳仔猪料饲喂保育猪，并添加适量的维生素、氨基酸或蛋白酶、淀粉酶，以减轻应激反应。对于体重太大或太小的仔猪单独分群饲养。

三过渡：饲料逐渐过渡、饲喂制度逐渐过渡、环境逐渐过渡。第一，保育猪在断奶后应逐渐更换原料的饲料，每天适量替换部分断奶仔猪料，约 3 ~ 5 d 逐步过渡到完全饲喂断奶仔猪料，有利于减少因饲料更换引起的应激。第二，保育猪的饲喂制度应逐渐过渡，断奶后第 1 周应限量饲喂，饲喂 70%的饲料，少给勤添，4 ~ 6 次/d，以免仔猪采食过多，消化不良而下痢；断奶后第 2 周开始采用自由采食，少给勤添，4 ~ 6 次/d；到断奶后第 4 周，采用玉米-豆粕型日粮，可逐渐减少饲喂次数，至 4 次/d。饲喂制度的逐渐过渡，以及充足的饮水，有利于缓解断奶应激。在饮水中添加葡萄糖、钾、钠等电解质，维生素或抗生素，可以有效缓解应激，提高仔猪的抵抗力，减少疾病的发生，保证保育猪的生长发育。第三，保育猪的保温能力较弱，初期仍然要采取保温措施，逐渐降低保育舍内的环境温度。同时，保持圈舍清洁、空气新鲜、定期消毒，尽量为断奶仔猪创造适宜的环境条件，以利于减少由于环境引发的应激，减少疾病的发生，促进保育猪的生长发育。

2. 保育猪的管理技术

（1）环境管理：保育舍应采取适宜的保温、通风设备，保持适宜的环境温度、湿度，控制保育舍内的有害气体浓度，保持舍内新鲜的空气，有利于减少疾病预防，帮助保育猪适应新的环境，减少断奶应激。体重低于 12 kg 的保育猪，适宜的温度为 27℃；体重 12 ~ 23 kg 的保育猪，适宜的温度为 24℃；体重 23 ~ 35 kg 的保育猪，适宜的温度为 21℃。规模化猪场保育舍多采用高床饲养模式，可以有效减少仔猪接触污染源，降低腹泻的发生率，有利于提高仔猪的成活率、生长速度和饲料利用率。部分猪场采用水泥地饲养模式，猪舍环境温差大、卫生条件较差，仔猪容易腹泻，影响成活率、生长速度和饲料利用率。

（2）饲养密度：规模化猪场保育舍多采用漏缝或半漏缝地板，饲养密度宜控制在每圈 10 ~ 15 头，最多不超过 20 头，0.3 ~ 0.5 m^2/头。饲养密度过大，导致有害气体氨、硫化氢等浓度过大，空气质量差，容易引发呼吸道疾病。适宜的饲养密度有利于降低舍内有害气体浓度，保持猪舍空气质量，减少保育猪的疾病，提高成活率，促进仔猪的生长发育，提高猪群的整齐度。

（3）卫生消毒：转群前彻底清扫，消毒保育舍，转群后定期消毒。每天及时清扫粪便，保持保育栏高床清洁、干燥，减少高床下和过道的水冲作业，避免冷湿环境引发腹泻。加强环境消毒和带猪消毒，严格执行卫生消毒制度（详细内容参考本书第七章相关内容）。

（4）预防保健：转入保育舍第 1 周可以在饮水中添加葡萄糖、电解质多维和支原净，预防呼吸道疾病发生；在 35 ~ 40 d 进行驱虫，在饲料中添加驱虫药物、驱虫剂喷洒猪体，并妥善处理粪便，防止二次污染。严格执行免疫制度，按照免疫程序进行预防接种。加强日常观察，做好疫苗接种、转群、疾病治疗、饲料消耗和体重等日常记录。加强调教训练，做好预防注射，保证保育猪的正常生长（详细内容参考本书第七章相关内容）。

第四节　生长肥育猪的饲养管理

生长肥育猪的饲养管理是养猪生产的最终环节，也是资金占用最大、饲料消耗最多的一个环节，此阶段的成本也占猪肉总成本的 60%，是养猪生产产生经济效益的重要阶段。生长育肥阶段的饲养管理目的是缩短育肥期、提高日增重、提高饲料转化率、降低成本、提高养猪的生产效益和经济效益。根据生长肥育猪的生理特点和生长发育规律，采用标准饲养和精细化管理技术，有利于达到缩短育肥期、降低饲料消耗、提高日增重和饲料转化率、提高生猪的生产效益和经济效益的目的。

一、生长肥育猪的生产特点

生长肥育猪是指体重处于 25 ~ 30 kg 至 100 ~ 110 kg 这一阶段的猪，根据生长肥育猪的生理特点和生长发育规律，按照猪的体重划分为生长期和育肥期。

（一）不同阶段生长肥育猪的生理特点

1. 生长期的生理特点

体重在 20 ~ 60 kg 的生长期分为 20 ~ 35 kg 的小猪阶段和 35 ~ 60 kg 的中猪阶段。生长期猪体各组织、器官功能尚未发育完善，尤其是小猪育肥阶段，胃的容积小、酶系统尚不健全、消化机能较弱，神经系统和机体抵抗力正处于逐步完善的阶段。生长期猪的骨骼、肌肉生长逐渐到达高峰，而脂肪的增长较为缓慢。

2. 育肥期的生理特点

体重在 60 kg 至出栏为育肥期，也称大猪阶段。育肥期猪体各组织、器官功能都逐渐发育完善。尤其是消化系统充分发育，消化机能迅速提高；神经系统、机体抵抗力及对环境的适应性逐步提高。育肥期猪的脂肪组织生长迅速并逐渐到达高峰，而骨骼、肌肉的增长转缓。

（二）不同阶段增重规律及组织生长特点

1. 体重增长规律

（1）体重绝对增重：正常情况下，在一定体重范围内，猪的体重绝对增重随年龄的增长而增长，与年龄呈正相关。体重绝对增重呈现出慢—快—慢的增长趋势，由快转慢的时间节点称为生长转缓点。

（2）体重的相对增重：猪的体重相对增重（单月体重 ÷ 月初体重 × 100）则随年龄的增长而下降，到体重 100 kg 左右时则稳定在较低水平，成年后则停止生长。体重的相对增重表现出幼龄时生长率最高，之后逐渐下降。

2. 体组织增长规律

猪的体重增长主要包括皮肤、骨骼、肌肉和脂肪等体组织的生长，各体组织的增长强度各不相同。体组织的增长与整体生长一样，随体重或年龄的增长而呈现规律性变化。皮肤和骨骼发育较早，最早达到生长高峰、逐渐减缓，最早停止生长。骨骼的生长先是向纵行方向生长（先长体长），后向横行方向生长（后长体宽）。肌肉继骨骼生长后迅速生长，随后达到生长高峰、逐渐减慢，随后停止生长；脂肪生长最晚，幼龄阶段脂沉积非常少，后期开始迅速生长，直到成年。小肠的生长强度随年龄增长而下降，胃和大肠的生长强度则随年龄的增长而提高。一般情况下，骨骼和皮肤的生长高峰期是在 20 ~ 60 kg 的生长期，肌肉生长的高峰期出现在体重 60 ~ 90 kg 的育肥前期，脂肪生长的高峰期在 100 kg 之后的育肥后期。商品猪在 90 ~ 110 kg 屠宰最适宜，充分发挥了肌肉的生长潜力，避免大量脂肪沉积，有利于提高胴体重、瘦肉率和饲料转化率。

3. 猪体化学成分的变化规律

猪出生后化学成分随体重增长而变化，水分和蛋白质含量逐渐下降，脂肪含量大幅度增加，灰分下降较缓慢（见表 6-2）。在体重 20 ~ 100 kg 阶段，蛋白质和灰分相对稳定，水分的含量骤减，而脂肪含量猛增。因此，在育肥后期，适当降低日粮的能量水平，控制脂肪的过量沉积，有利于提高饲料转化率和瘦肉率，降低生产成本，提高生产效益和经济效益。

表 6-2　随体重增长猪体化学成分的变化

体重	猪数（头）	水分（%）	脂肪（%）	蛋白质（%）	灰分（%）	去脂干物质	
						蛋白质（%）	矿物质（%）
初生	3	79.95	2.45	16.25	4.06	80.00	19.99
25 天	5	70.67	9.70	16.56	3.06	84.40	15.60
45 kg	60	66.76	16.16	14.94	3.12	82.27	17.28
68 kg	6	56.07	29.08	14.03	2.85	83.12	16.88
90 kg	12	53.98	28.54	14.48	2.66	84.48	15.52
114 kg	40	51.28	32.14	13.37	2.75	82.94	17.06
136 kg	10	42.28	42.64	11.63	2.06	84.96	15.05

（三）影响生长肥育猪生产效益的因素

1. 品种

品种是影响生长肥育猪生产效益的重要因素，不同品种的生产水平不同，规模化猪场常选择瘦肉型专门化配套杂交猪品种或配套系杂交猪进行育肥，可以发挥强大的杂种优势，获得较高的日增重、瘦肉率、饲料转化率（详细内容参考本书第四章相关内容）。

2. 饲料

饲料对生长肥育猪的生产效益和经济效益影响非常大，构成养猪生产总成本的70%。饲料的采食量、品质、饲料的利用率，以及日粮配合、饲喂方式等对生长肥育猪的生产效益和经济效益产生重大影响（详细内容参考本书第五章相关内容）。

3. 猪只

进入生长育肥舍之前，仔猪的年龄、体重、健康、防疫等情况也将影响育肥的效果。育肥时年龄越小增重越快，每千克增重耗料越少，经济效益越高。育肥前体重大、生长发育好的猪，育肥效益越好（详细内容参考本章相关内容）。

4. 饲养管理

生长育肥期的饲养管理是影响育肥效果的决定性因素。猪只的饲养密度、环境温度、育肥方式、饲喂次数、出栏时间、性别、去势与否、驱虫与否等生产管理措施都会影响育肥的效果。根据生长肥育猪的特点及影响因素，采取标准化饲养技术和精细化管理措施，提高日增重、缩短育肥期、提高饲料转化率、降低生产成本，是提高生长肥育猪生产效益和经济效益的根本保证。

二、生长肥育猪的饲养技术

（一）日粮配合

日增重、饲料转化率和瘦肉率是决定生长肥育猪经济效益的主要因素，根据生长肥育猪的营养需要科学配合日粮，是获得最大日增重、饲料转化率和瘦肉率的关键技术。

1. 生长肥育猪的营养需要

根据猪的体重增长、体组织的生长发育规律和体成分的变化规律，猪采食的能量越多，日增重越快，饲料转化率越高，脂肪沉积越多，但瘦肉率降低，胴体品质下降。因此，生长肥育猪的营养需要既要考虑能量、蛋白质的需求量，更要充分考虑能量蛋白比、氨基酸的平衡和利用率，以及矿物质和维生素的需求量。同时，必须控制日粮粗纤维的含量，以免降低日粮各养分的利用率（详细内容参考本书第五章相关内容）。

2. 生长肥育猪的日粮配合

养猪生产中，通常把整个生长育肥期按体重大小分为二阶段育肥和三阶段育肥。考虑各阶段的生理特点及生长特点，根据饲养标准，结合本地、本场的实际情况确定各阶段的营养需要，选择适宜的饲料原料为各阶段猪配制全价日粮。切忌采用霉变、腐败的饲料原料，微量元素、维生素添加剂、香味剂等应经预混合再与其他原料混合均匀，以免饲喂时引起中毒（详细内容参考本书第五章相关内容）。

（二）育肥方式

规模化猪场的生长肥育猪的育肥方式主要包括直线育肥、前高后限育肥。

1. 直线育肥

体重在 25～30 kg 的仔猪从保育舍转入生长舍后直到育肥结束的整个育肥阶段，全程提供营养丰富的全价日粮，充分发挥猪的体重生长潜力，获得较高日增重，3～4 个月、体重达到 90～100 kg 屠宰上市。直线育肥是生长肥育猪较为理想的育肥方式，从仔猪断奶到肉猪出栏分三个阶段，根据肉猪生长发育各阶段营养需要特点，供给充足营养，促进猪体各组织充分生长，缩短育肥期，减少维持消耗，达到快速育肥的目的。但是，直线育肥方式的胴体背膘较厚、瘦肉率较低。

2. 前高后限育肥

体重 60 kg 之前的生长期，采用高能量、高蛋白日粮，让猪自由采食，充分发挥生长猪早期增重的优势，日增重达到 1 ~ 1.2 kg。在体重 60 kg 以后的育肥期，采用中等水平的能量、蛋白质日粮，限制饲喂肥育猪，每天限饲 20%的日粮，以减少脂肪的沉积，提高胴体瘦肉率，保持 0.6 ~ 0.7 kg 的日增重。规模化猪场主要采用前高后限育肥方式，既缩短了育肥期、减少了维持消耗，又提高了饲料利用率、改善了胴体品质。

（三）饲喂技术

1. 饲料类型

生长肥育猪的饲料宜采用全价粉料和颗粒料两种。自动饲喂方式饲料类型的选择取决于各猪场的设施设备，规模化猪场多选择颗粒料、粉料饲料，采用自动饲喂系统。在人工投料多选择湿粉料，粉料拌成以手捏成团，放手落地即散为度。在青绿饲料、薯类多的地区，猪场可采用精料和青料搭配，薯类替代部分精料（尤其是玉米）。采用精料拌湿，青料洗净切碎，先喂精料，待精料食完后，再喂青料，同时供给充足清洁的饮水。

2. 饲喂方式

生长肥育猪的采食方式主要是自由采食和定量饲喂，给料方式包括自动饲喂方式和人工饲喂方式。自由采食省时省工，但容易导致“厌食”、饲料浪费及霉变等情况，不利于观察管理猪群。而定量饲喂是将猪每天的日粮定时、定量、定质分次饲喂，2 ~ 4 次/d，有利于提高猪的采食量，促进生长，减少饲料浪费，便于观察管理猪群。但是增大了工作量，饲喂量不易掌握，工作人员的责任心和素质对饲喂效果的影响很大。通常在体重低于 35 kg 的小猪阶段，3 ~ 4 次/d，体重达到 35 kg 后的中猪和大猪阶段，2 ~ 3 次/d，每日饲喂量大约是猪体重的 3% ~ 5%。规模化猪场还可采用自动饲喂系统（详细内容参考本书第三章相关内容）。

3. 饮水

水是猪体保持体温、营养代谢不可缺少的养分，饮水不足、水质不良将严重影响生长肥育猪的健康和生产性能，切忌以稀料代替饮水。生长肥育猪的饮水量随体重、环境温度、日粮类型及采食量等变化，猪的饮水量主要受季节的影响。春秋季节的饮水量约占风干料的 4 倍或体重的 16%；夏季的饮水量约占风干料的 5 倍或体重的 23%；冬季的饮水量约占风干料的 2～3 倍或体重的 10%。一般猪场配备有充足的饮水器，可以保证猪只的自由饮水。

三、生长肥育猪的管理技术

生长肥育猪是养猪生产的最终环节，也是影响猪场生产效益和经济效益的重要环节，精细化管理猪群，有利于促进猪只的正常生长，提高生长肥育猪的生产性能。

（一）抓好分群调教

1. 入栏准备

仔猪结束保育进入生长舍之前，需提前彻底清洗栏舍，检修栏舍及所有器具设备，彻底消毒栏舍，调整好舍内温度和湿度，注意防寒保暖和防暑降温。温度控制在 10～20℃，湿度控制在 65%～75%。加强通风换气，绿化环境，保持清洁干燥，定期消毒，保持舍内良好的空气质量。70 d 的仔猪体重达到 20～25 kg 即可由保育舍转入生长舍。

2. 合理分群

仔猪转入生长舍时，需根据品种、性别、体重、体质、采食情况合理分群，为避免以强凌弱、以大欺小、相互咬斗的发生，采用“留弱不留强”“拆多不拆少”“夜并昼不并”等方法，按照来源、强弱、体重相近的个体分为一群，有条件的按窝分群最好，可有效减少分群带来的应激。组群几天后便形成新的群居秩序，如不变动，一直维持到出栏，有利于做到“全进全出”。有的猪场采用大群饲养，分群后根据猪群的生长情况，在各阶段换料时及时调整，体重相对小的猪重新组群，便于及时加强营养，提高整齐度。

3. 控制密度

生长肥育猪多采用圈栏饲养，大圈饲养每圈饲养 10～18 头，小圈饲养每圈饲养 6～12 头。全漏缝地板、半漏缝地板和实体地面的饲养密度控制在 0.74～1.2 m^2/头。适宜的饲养密度有利于保证生长肥育猪的正常生长，密度过大易导致猪群整齐度下降，过小导致猪群采食减少、栏舍浪费。为便于全进全出，生长舍需预留一定空栏舍，用于后期分群调整以及病、残、弱猪的隔离饲养。

4. 及时调教

生长肥育猪重新组群进圈后应及时调教，以尽快养成采食区、休闲区、排泄区

“三点定位”的良好习惯，有利于环境卫生的控制。运用守候、勤赶、积粪、垫草等方法进行调教。在猪只进圈前，准备充足的料槽，观察猪群采食情况，勤赶争食的猪只，防止强夺弱食；在已经消毒好的休息区铺垫少量垫草，在排泄区堆放少量粪便或用尿或水泼湿。猪只第1次进圈时，将全群赶到排泄区，让其做进圈后的第一次排泄，看管2~3 d后即形成“三点定位”的良好习惯。在调教过程中，要注意保护弱者，惩治强者，避免过多打斗，造成伤害。调教的关键在于分群后尽早调教，勤于管理。

（二）做好去势防疫与驱虫

1. 去势

目前，我国规模化猪场一般只对公猪进行去势，通常采用仔猪出生后7日龄左右去势，有利于仔猪的恢复、改善肉质和促进生长肥育猪的生长（详细内容参考本章相关内容）。

2. 防疫

首先，要制订免疫程序，并按程序对常见传染病进行预防接种。最后，要建立经常性的防疫灭病制度、卫生消毒制度和门卫制度，控制猫、狗、鼠等动物进舍内等，把病原体排除在猪场之外（详细内容参考本书第二章和第七章相关内容）。

3. 驱虫

生长肥育猪的寄生虫包括体内外寄生虫，在生长育肥阶段需要定时驱虫。如果饲喂青绿饲料，且猪只接触泥土的机会较多，在整个育肥期要进行两次驱虫，即刚上圈时进行第一次驱虫，体重50~60 kg时进行第二次驱虫（详细内容参考本书第七章相关内容）。

第七章　猪场的疫病防控技术

规模化养猪是我国养猪业的发展趋势。品种良种化、饲养标准化、养殖设施的推广应用，促进了我国养猪业的规模化生产。然而，养殖环境、疾病控制也是制约我国养猪生产水平的主要因素，阻碍我国养猪业的发展。生物安全与疫病净化技术，越来越受到规模化猪场的重视。规模化猪场面临多种、复杂的疫病，依靠疫苗和药物防治只能达到事倍功半的效果。规模化猪场疫病防控必须采用综合防控技术，坚持“养、防、检、治”的疫病防控原则，树立“环境控制和饲养管理为基础，疫苗和药物预防为手段，诊断与检测为保障”的疫病防控观念，才能有效防范疫病给猪场生产带来的损失。规模化猪场主要通过加强饲养管理技术，强化生物安全控制技术，做好疫病诊断与检测技术、疫苗免疫控制技术，规范药物预防与保健技术以及疫病净化技术等综合防控措施，建立猪场生物安全体系，有效防控猪场疫病，确保猪场生产安全。

第一节　猪场防疫体系

疫病导致养猪生产经济效益上不去，首要原因是病毒性疾病，病原种类增多、变异加剧，病原多重感染的危害以及免疫抑制引发的临床问题。其次是细菌性疾病带来的繁殖障碍性疾病的严重危害，还有霉菌毒素的危害越来越突出。猪场管理者应转变传统观念，树立牢固的防疫意识，加强综合防控。根据《无公害食品生猪饲养兽医防疫准则》(NY 5031—2001) 的要求，各猪场尤其是标准化猪场必须制订高效、健全、合理的防疫体系。

一、猪场疫病防控要求

（一）猪场场地选择

遵照《规模猪场建设》（GB/T 17824.1—2008）的规定，根据猪场的生产性质、生产规模、饲养管理方式、集约化程度等具体情况，猪场选择应符合环保和生物安全要求，地形开阔、地势高燥，土壤透气、易渗水，交通便利、防疫安全，水源充沛、水质良好、使用方便，电力稳定、网络通畅，符合当地用地规划的区域修建猪场（详细内容参考本书第三章相关内容）。

（二）猪场规划设计

根据有利于防疫、改善小气候、方便饲养管理、节约用地的原则考虑猪场的总体规划和建筑物的合理布局。科学规划生活区、管理区、生产区和隔离区，安排各功能区的位置及建筑物和设施的位置和朝向；合理规划全场的道路、排水系统、场区绿化、围墙或防疫沟等。场内建筑物布局整齐紧凑，合理利用土地，运输距离短，便于经营，利于生产。猪舍设计应符合猪群的生物学特性和对环境条件的要求，适应当地的气候和地理条件，便于日常管理，经济实用，具有保温隔热性能，易于清洁，耐酸碱，通风良好，有害气体含量符合《畜禽场环境质量标准》（NY/T 388—1999）要求，配置相应设施设备，适应“全进全出”的饲养工艺，符合猪场卫生、消毒和防疫要求（详细内容参考本书第三章相关内容）。

二、引种的要求

（一）引种原则

正确选择引入猪种，慎重选择引入个体，严格检疫，具备检疫证书，种猪场需具备生产、经营许可证，原种或商品配套系的种源明确，原产地与引入地的环境差异小，引进猪种生产性能高（详细内容参考本书第四章相关内容）。

（二）引种要求

明确引种目的，制订引种计划，了解被引种地区的疫情及整个畜禽类疫病的发生情况，禁止从疫区引种。选择具有种猪经营许可证的正规猪场引种，选择优质健康青年种猪，安排好种猪运输、猪场准备工作，按照《种畜禽调运检疫技术规范》（GB 16567—1996）的规定严格检疫（详细内容参考本书第四章相关内容）。

三、人员要求

（一）定期检查

工作人员需定期体检，依法取得健康证明后方可上岗。传染病患者不得从事猪场的饲养管理工作。

（二）清洁消毒

工作人员进入生产区需经淋浴消毒、更衣换鞋后方能进入生产区，工作服应保持清洁，定期消毒。

（三）专业人员管理

专业技术人员需具备相应专业学历证明或经职业培训取得绿色证书、职业资格证书后方可上岗。场内兽医人员及配种人员不得对外开展疾病诊疗或配种工作，以免交叉感染。

（四）外来人员管理

禁止外来人员进入，不允许非生产人员进入生产区。非生产人员因特殊情况需进入生产区时，需经过淋浴消毒、更换防护服后方可进入，并严格遵守场内所有防疫制度。

四、疫病预防措施

（一）免疫接种

有组织有计划地执行免疫接种，是预防和控制猪场疫病的重要措施，尤其是一些病毒性疫病的预防接种更为必要。养猪场应根据《中华人民共和国动物防疫法》

及其相配套法规的要求，结合当地实际情况，有选择地进行疫病的预防接种工作，制订科学规范的免疫接种程序，注意选择适宜的疫苗、免疫程序和免疫方法。

（二）寄生虫控制

加强寄生虫控制，合理选择驱虫药物，科学制订驱虫程序。

五、疫病监测

（一）制订疫病监测方案

养猪场需根据《中华人民共和国动物防疫法》及其配套法规的要求，结合当地的实际情况制订疫病防控检查方案。

（二）实施疫病监测

养猪场常规监测疫病的种类至少应包括猪瘟、猪繁殖与呼吸障碍综合症、伪狂犬病、乙型脑炎、衣原体病、细小病毒病、旋毛虫病和弓形体虫病等。除此之外，还可根据当地实际情况选择其他一些疫病进行监测。

（三）疫病监测监督

各地动物疫病监测机构应根据各地的实际情况，进行定期或不定期的疫病监督抽查，并将抽查结果及时报告当地畜牧兽医行政管理部门。

六、疫病控制和扑灭

养殖场发生疫病或可疑疫病时，需根据《中华人民共和国动物防疫法》规定及时采取以下措施：

（1）猪场兽医及时诊断，做到早发现、早诊断、早处理，把疫情控制在最小范围内，并尽快向当地畜牧兽医行政管理部门报告疫情。

（2）猪场兽医确诊发生口蹄疫、猪水泡病时，养猪场应配合当地畜牧兽医管理部门，对猪群实施严格的隔离、扑杀；若确诊发生猪瘟、猪繁殖与呼吸障碍综合症、伪狂犬病、结核病、布氏杆菌病等疫病时，猪群必须实施清群和净化处理；彻底地清洗消毒全场，病死或淘汰猪的尸体按照《病害动物和病害动物产品生物安全处理规定》（GB 16548—2006）进行无害化处理，消毒按照《畜禽产品消毒规范》（GB/T 16569—1996）进行。

七、记　录

标准化猪场的猪群需完整记录和保存生猪的资料记录，直至清群后 2 年以上。记录资料主要包括猪只来源，饲料消化，发病率、死亡率及发病死亡原因，无害化处理情况，试验检查及其结果，用药及免疫接种情况，猪只发运目的地等。

第二节　猪场生物安全与净化技术

生物安全体系是阻断病原微生物入侵动物群体、保障动物健康而采取的一系列动物疫病综合防治措施。由于饲养管理水平低下、环境污染严重、滥用药物及药物残留、疫病防控不健全等因素导致生态环境日益恶化，成为养猪生产的主要生物安全问题，严重影响猪肉产品的安全性。生物安全的解决需要从猪场建设、工艺布局考虑，不能完全依靠疫苗、消毒，主要疾病应该依靠净化，而不是控制。生物安全与药物治疗、疫苗免疫等共同构成疫病控制体系，有效实施生物安全，为药物治疗和疫苗免疫提供了良好的环境，为获得药物治疗和疫苗免疫的最佳效果提供了基础，为减少养猪生产过程中使用药物提供了保障。猪场生物安全体系的建立和实施有利于改善我国养猪业现状，提高养猪的经济效益、生态效益和社会效益。

一、猪场生物安全体系

（一）猪场环境控制

在猪场选址和猪舍规划时应加强防疫措施，建立严格的隔离制度，对外来猪群和人员采取必要的隔离措施，避免由于外来的动物和人员携带病原微生物，影响猪场生物安全。猪场选址与猪舍规划布局需按照《规模猪场建设》（GB/T 17824.1—2008）的规定，结合猪场的情况选择、规划和布局，保持猪舍良好的环境（详细内容参考本书第三章相关内容）。

（二）人员、车辆及其他动物的管理

人员、车辆和外来猪只及其他动物都是影响猪场生物安全的常见的因素，加强人、车和动物的管理，是猪场生物安全的重要保障。

1. 人员管理

人是猪场多种病原的活载体，人员活动是猪场疫病的重要传播途径，加强猪场人员管理是生物安全的核心。规模化猪场必须严格制定和执行生产人员管理制度，严禁猪场人员随意串区和串舍。生活区和生产区的人员只能在各自的区域活动，生产区的人员除休假等特殊情况外不得随意到生活区。兽医人员不得对外开展诊疗工作，配种人员不得对外开展配种工作。禁止外来人员进入生产区，必须入场的人员应按照规定填写《外来人员入场登记表》，并且在猪场生活区隔离 48 h 后，经过沐浴、更衣、消毒后方可进入生产区。

2. 车辆管理

进入猪场的车辆也是病原的携带者，是猪场疫病爆发的重要隐患，需加强管理。外来车辆不得进入场内，确需入场的车辆必须在指定地点清洗消毒、自然干燥后方可进入。场内外运猪的车辆必须分开、不可混用。运输饲料、动物产品、活猪及其他物品的外来车辆一律不得进入猪场。

3. 动物的管理

（1）引种安全：自繁自养是建立猪场生物安全体系的重要环节，如果确需引种，应注意引种安全。新引进的猪群必须安排在专门的隔离舍，隔离饲养 1～2 个月之后，经过有关兽医检疫部门进行血清学检测，确认无细菌感染和病毒感染，并监测猪瘟、伪狂犬病、口蹄疫、细小病毒病、蓝耳病等抗体，确定猪只健康后方可混群饲养（详细内容参考本书第四章相关内容）。

（2）其他动物管理：动物是疫病传播的最危险的因素，猪场严禁饲养除猪之外的任何动物，猪场必须采用有效措施防止其他动物进入猪场。

（三）制订猪场消毒程序

1. 建立完善的清洁消毒程序

猪场必须强化安全消毒措施，减少环境中病原微生物的含量。猪场消毒包括预

防消毒、随时（紧急）消毒和终末消毒 3 种，采取机械性清除、物理消毒法、化学消毒法和生物消毒法对猪栏、场地、器具、饮水、垫草、粪便以及猪只进行定期消毒。

猪场大门、生产区入口、猪舍入口必须设置消毒池，并定期更换消毒液，保持有效浓度，对场区道路、猪场大环境和猪舍小环境进行消毒。规模化猪场必须建立完善的清洁消毒程序，一般情况下每周消毒 2～3 次，在防疫期或者猪场内有疫情发生时，必须每天消毒 1 次，甚至多次消毒。规模化种猪场的消毒方案如下，供参考：

① 种猪场门口建立消毒池，池内放置浸有消毒液的麻袋片或草垫，用有机氯制剂作为消毒液，每周更换 1 次。

② 饲养人员进入猪场前必须穿专用胶鞋并用消毒液洗手，用具在入场前需喷洒消毒。

③ 猪舍内外、猪场道路每周定期消毒。猪舍垫料定期更换，新更换的垫料应事先采用阳光曝晒等。

④ 种母猪在分娩前需对乳头、阴户用 0.1%高锰酸钾水擦洗后送入消过毒的产房待产。

⑤ 从场外引进猪时可用百毒杀或过氧乙酸带猪消毒。

⑥ 粪便、污水应进行无害化处理。粪便可用生物热消毒法或用漂白粉水喷洒消毒。

2. 日常消毒

（1）入场消毒：对进入猪场的车辆、物资和人员进行严格消毒。入场车辆的车轮必须经过消毒池消毒，车身采用低压消毒器械，用 1%～2%福尔马林消毒。进场人员须经“踩、照、洗、换”四步消毒程序（踩氢氧化钠消毒垫，照射紫外线 5～10 min/次，消毒液洗手，更换场区工作服、鞋等），并经过消毒通道方能进入场区。入场饲料、兽药、器械、工具等物资需根据其特性采用喷雾消毒或紫外线灯照射 30～60 min 消毒。

（2）栏舍消毒：用消毒药彻底消毒栏舍内所有表面以及设备、用具。必要时，可先用 2%～3%氢氧化钠溶液对猪栏、地面、粪沟等喷洒浸泡，30～60 min 后低压冲洗。然后，用 0.3%过氧乙酸喷雾消毒。消毒后栏舍保持通风、干燥，空置 5～7 d。进猪前 1 d 再次喷雾消毒。猪舍在空栏期应该先对地面、圈床、过道、食槽、围栏、用具和下水道等进行清洗，用 2%～3%的火碱消毒 24 h 以上，再用高压水枪清水冲洗干净、晾干数日后，封闭门窗，用甲醛和高锰酸钾熏蒸消毒 12 h。猪在圈时，对猪舍清洗后应用 0.1%过氧乙酸对圈舍、地面、墙体、门窗和猪体表等进行喷雾消毒，每周 1～2 次。

（3）场区消毒：保持生产区环境卫生，彻底清理生产区的杂草、垃圾和杂物，每周 1 次彻底消毒。可采用背式消毒器进行消毒，消毒液可选用 2%火碱液或 0.05%过氧乙酸等交替使用。猪场建立门口消毒池，用 2%氢氧化钠溶液作为消毒液，每周更换一次，保持消毒池内消毒药液的有效性。猪舍内外、运动场、场内道路每周定期消毒。消毒前彻底清扫、冲洗，用氢氧化钠溶液消毒后亦需彻底用清水冲洗，除去消毒液，以免腐蚀皮肤和用具。

（4）医疗器械的消毒：通常采用高压灭菌消毒。所有医疗器械在消毒前需要进行彻底清洗、冲刷和冲洗干净，注射器、手术刀、手术剪、手术钳用酒精擦去血迹，再用高压灭菌法灭菌。

3. 患病期消毒

（1）腹泻疾病消毒：猪场一旦出现腹泻，需立即隔离病猪，并对发病猪栏舍进行清扫、冲洗，用碱性消毒药对猪舍、场地、用具、车辆和通道等进行彻底消毒，可选择 5%的氢氧化钠溶液消毒，也可采用火焰消毒法、干燥等消毒措施。

（2）呼吸道疾病消毒：猪场发生呼吸道疾病时，应彻底清扫栏舍、加强通风，用平时 2 倍浓度的消毒液进行带猪消毒。

（3）寄生虫疾病消毒：当猪场发生寄生虫疾病时，需清扫、冲洗圈面，消灭虫卵。先用 5%的氢氧化钠溶液进行消毒，再进行火焰消毒。

（4）口蹄溃疡症疾病消毒：猪群出现口蹄溃疡症疾病时，可用 5%的氢氧化钠溶液消毒走廊，口腔用清水、食醋或 0.1%高锰酸钾冲洗，用来苏尔洗涤蹄部，用肥皂或 2%～3%硼酸水清洗乳房，用 1∶100 的双季铵络合碘消毒圈面。

（四）猪场防疫制度

1. 建立严格的卫生防疫制度

猪场的生物安全体系应该做到未雨绸缪，根据猪场“预防为主，防治结合，防重于治”的基本原则，防疫工作必须制度化。各猪场必须制定并执行严格的猪场卫生防疫制度，确保猪场生物安全体系的正常运行。接种疫苗是猪只产生主动免疫的主要措施，选择疫苗时需考虑毒种的血清型号、免疫原型号、稳定性、安全性和覆盖面等因素。同时，注意避免由于疫苗的质量差、免疫接种操作不当、免疫程序不合理及免疫抑制性疾病等因素可能造成的免疫失败。

2. 免疫程序规范化

猪场的免疫程序的制订需要根据各个猪场猪群的抗体检测情况，结合各自猪场流行病特点，制订合理的免疫程序。制订科学、合理、有效的疫苗免疫程序是猪场生物安全体系的重要措施。注意选用合格疫苗，严格按照疫苗说明操作，并做好免疫计划，妥善保存疫苗并做好免疫记录。表 7-1 ~ 表 7-5 为推荐猪场免疫程序，各猪场根据各自的实际情况参考使用。

表 7-1 推荐猪场免疫疫病种类

仔猪	伪狂犬病	气喘病	圆环病毒病	蓝耳病	猪瘟	口蹄疫	
母猪	伪狂犬病	圆环病毒病	蓝耳病	猪瘟	口蹄疫	乙脑	猪细小病毒病
其他	病毒性腹泻	传染性胃肠炎	副猪嗜血杆菌病	链球菌			

表 7-2 自繁自养仔猪免疫程序

<table>
<tr><th>日龄</th><th>疾病</th><th>疫苗</th><th>接种方式</th><th>备注</th></tr>
<tr><td>1 ~ 3</td><td>伪狂犬病</td><td>伪安清</td><td>滴鼻</td><td rowspan="4">支肺通 1 mL+圆环康 1 mL 混合注射</td></tr>
<tr><td>10</td><td>气喘病+圆环病毒病</td><td>支肺通+圆环康</td><td>混合注射</td></tr>
<tr><td>18</td><td>蓝耳病</td><td>蓝经灵</td><td>肌肉注射</td></tr>
<tr><td>28</td><td>猪瘟</td><td>猪瘟精制高效</td><td>肌肉注射</td></tr>
<tr><td>28</td><td>圆环病毒病+猪瘟</td><td>圆环康+猪瘟精制高效</td><td>肌肉注射</td><td rowspan="6">圆环康 1 mL 稀释 1 头份猪瘟精制高效细胞苗注射</td></tr>
<tr><td>35</td><td>气喘病</td><td>支肺通</td><td>肌肉注射</td></tr>
<tr><td>42</td><td>口蹄疫</td><td>猪口蹄疫疫苗</td><td>肌肉注射</td></tr>
<tr><td>50</td><td>伪狂犬病</td><td>伪安清</td><td>肌肉注射</td></tr>
<tr><td>60</td><td>猪瘟</td><td>猪瘟精制高效</td><td>肌肉注射</td></tr>
<tr><td>70</td><td>口蹄疫</td><td>猪口蹄疫疫苗</td><td>肌肉注射</td></tr>
<tr><td colspan="5">病毒性腹泻、副猪嗜血杆菌病、链球菌等疫苗可根据猪场情况进行防疫</td></tr>
</table>

表 7-3 外购仔猪免疫程序

日龄	疾病	疫苗	接种方式
7	猪瘟	猪瘟精制高效	肌肉注射
14	圆环病毒病+喘气病	圆环康+支肺通	混合肌注
21	伪狂犬病	伪安清	肌肉注射

续表 7-3

日龄	疾病	疫苗	接种方式
28	蓝耳病	蓝经灵	肌肉注射
35	口蹄疫	猪口蹄疫疫苗	肌肉注射
40	猪瘟	猪瘟精制高效	肌肉注射
47	伪狂犬病	伪安清	肌肉注射
55	口蹄疫	猪口蹄疫疫苗	肌肉注射
病毒性腹泻、副猪嗜血杆菌病、链球菌等疫苗可根据猪场情况进行防疫			

表 7-4　后备母猪免疫程序

日龄	疾病	疫苗	接种方式
150	蓝耳病	蓝经灵	肌肉注射
160	猪细小病毒病	猪细小病毒灭活疫苗	肌肉注射
170	口蹄疫	猪口蹄疫疫苗	肌肉注射
180	猪瘟	猪瘟精制高效	肌肉注射
190	猪细小病毒病	猪细小病毒灭活疫苗	肌肉注射
200	伪狂犬病	伪安清	肌肉注射
210	猪圆环病毒病	圆环康	肌肉注射
乙脑：每年 3、4 月免疫 1 次			
病毒性腹泻、副猪嗜血杆菌病、链球菌等疫苗可根据猪场情况进行防疫			

表 7-5　经产母猪免疫程序

疾病	疾病免疫频率	疫苗	接种方式
猪瘟	3 次/年	猪瘟精制高效	肌肉注射
蓝耳病	3 次/年或产前 2～3 周	蓝经灵	肌肉注射
伪狂犬病	3～4 次/年或产前 3～5 周	伪安清	肌肉注射
猪细小病毒病	产后 3～5 周	猪细小病毒灭活苗	肌肉注射
乙脑	3、4 月	乙型脑炎疫苗	肌肉注射
猪圆环病毒病口蹄疫	产前 4～6 周	圆环康	肌肉注射
病毒性腹泻	9 月 1 日至次年 4 月 1 日，产前 35 天	猪传染性胃肠炎、流行性腹泻二联苗	交巢穴

（五）药物预防保健措施

猪场综合防疫体系是通过科学的饲养管理、免疫程序、药物保健等一系列防疫措施达到疫病防治目的。随着猪病复杂化，继发症、并发症普遍存在，猪病流行的最大特点是混合感染。除部分传染病可以通过预防接种外，许多传染病尚无可靠的防制方法，则只能通过药物保健进行预防。针对目前猪病的流行特点，猪场管理越来越重视保健预防。药物预防的基本原则是根据本地疫病流行情况、猪场用药及免疫情况，有针对性地选择敏感性高的药物，制订出适合自己猪场的预防保健程序，以便有计划地实施药物预防。

1. 各阶段猪群药物保健方案

（1）种公猪的保健方案。

保健目的：降低公猪体内病毒及细菌指数，防止本交时造成交叉感染，提高胚胎品质。

保健程序：种公猪每 1～2 个月饲料投药 1 次。包膜恩诺杀星拌料，连续 7 d；泰乐菌素拌料，连续 7 d；如添加一些中草药制剂，如扶正解毒散等拌料，还可降低病毒感染的机会。

（2）后备母猪的保健方案。

保健目的：净化母猪体内病原体，增强抵抗力；促进后备母猪生殖系统发育；提高免疫效果。

保健程序：后备母猪在免疫接种前，选用下列药物组合中的一种连续饲喂 7～10 d。清瘟败毒散+阿莫西林+金霉素+维生素 E；泰乐菌素+金霉素+阿莫西林。

（3）妊娠母猪的保健方案。

保健目的：抑制体内外病原微生物；预防各种疫病通过胎盘垂直传播给胎儿，提高妊娠质量。

保健程序：妊娠 30 d：泰乐菌素+金霉素+阿莫西林+黄芪多糖，饲喂 5～7 d。产前 10 d：金霉素+阿莫西林+维生素 E，饲喂至临产前。

（4）哺乳母猪的保健方案。

保健目的：消除哺乳母猪乳房炎和产道感染；增强母猪体质，预防母猪无乳和少乳综合征的发生；提高断奶母猪发情率；预防多种病原体对仔猪的早期感染。

保健程序：分娩当日注射恩诺沙星等抗生素一针，连续 3 d；分娩后 3～5 d，用替米考星+金霉素+阿莫西林+维生素 E，饲喂 7～10 d。

（5）哺乳仔猪的保健方案。

保健目的：预防仔猪黄痢、白痢等肠道疾病及其他细菌性疾病；预防早期的支原体感染；预防母猪垂直感染，增强仔猪抵抗力；提高仔猪成活率，提高仔猪生长速度及整齐度，提高断奶体重。

保健程序：初生仔猪 3 d 注射补铁针剂，如右旋糖苷铁；针对当前初生仔猪 3 d 内腹泻，可口服庆大霉素或微生态制剂，预防该病的发生；21 d 内保健计划：7 d 注射头孢噻呋钠，14 d、21 d 注射长效土霉素。

（6）断奶仔猪的保健方案。

保健目的：调节仔猪体内电解质平衡，补充维生素，预防仔猪水肿病、寄生虫病和断奶应激；防止断奶仔猪多系统衰竭综合征的发生。

保健程序：仔猪断奶前 2 d 至断奶后 8 d：用支原净+强力霉素+阿莫西林+多维素，饲喂 10 d；后期：用替米考星+金霉素+阿莫西林+虫克星，或支原净+氟苯尼考+多西环素+磺胺间甲氧嘧啶+伊维菌素，饲喂 7 d。

（7）保育猪转栏前的保健方案。

保健目的：增强仔猪的抗应激能力，预防转栏引发的呼吸道疾病；预防仔猪腹泻，提高仔猪生长速度。

保健程序：针对保育猪转群前 3 d 及转群后 4 d。泰妙菌素+阿莫西林+复合维生素，拌料；包膜恩诺沙星+复合维生素，拌料；泰乐菌素+复合维生素，拌料。

（8）肥育猪的保健方案。

保健目的：根据肥育猪的体况和气候条件，季节性用药。

保健程序：

春夏季节：用扶正解毒散+吉他霉素预混剂+维生素 C，用于预防附红细胞体、弓形体、链球菌及缓解应激等；

秋冬季节：强力霉素+氟苯尼考或替米考星；土霉素粉+圆环百毒杀，主要预防流感、口蹄疫及呼吸系统疾病。

2. 驱虫方案

规模化猪场应重视猪的寄生虫病的预防，定期驱虫，做好驱虫保健工作，有利于改善母猪的生产性能、净化母猪、防止垂直感染、提高断奶窝重、促进仔猪的生长发育、提高猪场的经济效益。

（1）猪场驱虫药物使用原则：选择适宜的时间实施覆盖全群的驱虫措施，采用阶段性、预防性用药，防止重复感染。了解寄生虫生活规律，选择高效、安全、广谱的抗寄生虫药。

（2）常用驱虫方案：大多数猪场采用定期驱虫方案，确保猪场驱虫效果。

每年 2 次全场驱虫方案：较大规模的猪场常常在每年春秋季节进行 2 次全场驱虫。每次对全场所有存栏猪只进行全面药物驱虫。此法简单易行，但因间隔时间长，可能会重复感染。

阶段性驱虫方案：部分猪场可在特定阶段，对猪群进行定期药物驱虫。种公猪、种母猪每年定期驱虫 2 次，每次对全部种公、母猪实施药物拌料，连续饲喂 7 d；后备公猪、后备母猪转入种猪舍前驱虫 1 次，对全部种公、母猪实施药物拌料，连续饲喂 7 d；初生仔猪在保育阶段 50～60 日龄驱虫 1 次，用全驱药拌料，连续饲喂 7 d；引进猪并群前驱虫 1 次，用全驱药拌料，连续饲喂 7 d。此法因用药时间分散、不易操作，猪群仍存在一定程度的寄生虫感染。

3. 饲料、兽药使用规范

（1）饲料使用规范：猪场使用的饲料必须从具有相应资质的企业购买。购买配合饲料、浓缩料需从具有《饲料生产企业审查合格证》企业购买其生产的产品，购买预混料和饲料添加剂需从具有省级饲料管理部门颁发的产品批准文号的企业购买其产品。使用的饲料和饲料添加剂需符合国家及农业部规定的相关标准和规定（详细内容参考本书第五章相关内容）。

（2）兽药使用规范。

兽药的购买：猪场需根据猪场兽医专业人员开具的兽药计划购进目录，指定专人负责兽药采购，使用的兽药必须从具有《兽药生产许可证》和产品批准文号的生产企业或具有《进口兽药许可证》的供应商购买。兽药的种类及包装必须符合农业部、国家畜牧兽医行政管理部门的相关规定，禁止使用假冒伪劣产品。

兽药的保存：兽药进场后需登记造册后分批次存放，保存环境符合兽药规定的条件，保存期间需随时检查兽药的有效期及感官变化，如发现过期或感官变化应及时报告主治兽医，及时处理。

兽药的领用：兽药的发放执行“先进先出”的原则，兽药发放需依据猪场兽医开具的诊断处方单发放。

兽药的使用：兽药必须在兽医（执业兽医）或兽医专业人员的指导下严格按照药品规定的用法和用量使用。兽药的使用必须遵守 NY 5030—2001 无公害食品生长饲养兽医使用准则。

兽药的休药期：猪群在使用抗生素和抗寄生虫药后，需设置休药期。休药期的设定必须按照 NY 5030 附录 A 中的规定休药期执行，附录中未作规定的药品，休药期不得少于 28 d。

猪群的用药记录：猪场需建立并保存猪群的用药记录，由兽医人员负责填写，定期上报生产办汇总和保存，以便查询。猪群用药记录包括治疗用药、预防或促生长混饲给药记录两类。治疗用药记录包括：生猪标号、发病时间及症状、用药名称（商品名及有效成分）、给药途径、给药剂量、疗程、治疗时间等信息。预防或促生长混饲给药记录包括：药品名称（商品名及有效成分）、给药剂量及疗程等信息。

（六）控制有害生物

蚊蝇、老鼠等有害生物除自身体内感染携带病原传播外，还将病菌带入洁净环境造成污染，通过叮吸猪只血液，啃咬饲料、电线、门窗，影响猪只的生长、饲料转化效率。控制有害生物、避免可能存在的传播媒介，也是猪场生物安全的重要措施。各猪场可以根据实际情况定期检查，做好防范措施。

1. 灭蚊蝇措施

加强环境控制、减少污水排放和存留，在猪舍门、窗上安装纱网，防止蚊、蝇、蝶的叮咬，减少疫病传播。同时采取药物预防措施，用药物拌料的方式对蚊蝇进行驱杀，或在蚊蝇多发季节，选择安全的灭蚊蝇药物至少每周灭蚊蝇 1 次。

2. 灭鼠措施

加强猪场周边环境防鼠措施、安装纱网防范老鼠及其他动物入侵，常年实施药物灭鼠工作。灭鼠药要选择对人、畜毒性低的毒鼠药，全场同步进行。此外，经常性的卫生保护、对野鸟进行控制，猪场内不得饲养犬、猫（避免传播弓形虫病）。

（七）妥善处理粪污、废弃物及病猪尸体

猪场应及时清除和处理粪便；污水需经专门的系统处理达标后方能排放；废弃物和病猪尸体必须进行无害化处理，禁止随处扔放生病和死亡猪只，以免造成疫病传播。传染病死猪必须焚化，无病原死猪可以腐化或深埋。

（八）监　测

猪场的生物安全体系的建立和运行，离不开严密的检测系统，各猪场必须建立健全的监测系统，开展猪场的免疫监测、流行病监测、消毒效果监测、健康与营养监测工作以及疾病死亡原因监测工作，确保猪场生物安全体系的正常运行。

二、猪场疫病净化技术

猪场的疫病净化技术是通过对无疫苗免疫的全体猪群进行病原学的检测，逐步淘汰检测结果为阳性的猪只，将某种特定病原从群体环境中清除，从而达到猪群的疫病净化。目前，由于疫病种类繁多、试剂和研发相对滞后，加之养猪技术和观念落后，大范围内实施疫病净化不符合中国的养猪现状。当前倡导通过免疫预防，配合科学的检测手段来保证猪群健康稳定的猪场疫病净化技术。本书仅介绍当前猪场普遍关注的三种重要传染病的净化技术。

（一）猪瘟的净化

猪瘟是我国四大动物疫病之一，至今流行 70 多年，严重危害养猪业。猪瘟的免疫是猪瘟净化的关键，野毒感染的普查和疫苗免疫质量是猪瘟净化的保障。

1. 猪瘟免疫的注意事项

（1）选择合格疫苗：选择合格疫苗是猪瘟免疫成功的基础，必须选择获得国家批准生产或已经注册的合格的猪瘟疫苗，并建立完整的免疫剂量档案。

（2）管理好疫苗：疫苗的购买、运输及保存时，必须具备保持低温的疫苗保存条件，配备冷链系统或者小冰箱、加冰的泡沫箱等设备。稀释好的疫苗在冷冻条件下，保存时间不超过 4 h。

（3）严格超前免疫：安排专人负责免疫工作，确保仔猪完全乳前免疫，超免后 1 h 再吃初乳可确保超免效果。认真记录和标记，避免漏免或吃初乳后免疫，导致超免失败。

（4）规范操作用药：严格按照疫苗说明书要求进行免疫接种，操作规范，部位准确。严格消毒，一猪一针头，严防交叉感染。母猪产前 2 ~ 3 d 和产后 3 d 内禁止使用抗病毒类药物和其他抗生素，疫苗接种需间隔 7 d 以上。

（5）检测猪群抗体水平：定期检测猪群的抗体水平，尤其应加强种猪和后备母猪的抗体水平检测。制订科学合理的免疫程序，确定最佳免疫时间，维持猪群抗体水平。

（6）消除亚临床感染猪：亚临床感染猪瘟的猪只不断排毒形成潜在的传染源，极易造成其他猪只感染，杜绝亚临床感染是控制猪瘟的核心。

2. 猪瘟的净化措施

我国规模化猪场主要通过猪瘟抗体检测来实施猪瘟净化，经过抗体检测及时对抗体水平不合格的猪只加强免疫，对加强免疫后仍不合格的种猪进行淘汰，实现猪瘟净化。

（1）检测猪群：对猪场种母猪、种公猪和后备母猪逐头采血。采用耳缘静脉采血或前腔静脉采血，静置、离心后分离血清，并置于－20℃的冰箱中保存备用，尽快送检（在4℃的冰箱中保存时间最好不超过2 d）。

（2）血清猪瘟抗体的检测：采用酶联免疫吸附试验（ELISA），选择猪瘟抗体检测试剂盒，对血清进行猪瘟抗体检测。

（3）净化：对于检测合格的种猪初步列入正常生产群。对于首次猪瘟抗体检测不合格的猪只，可能是个体猪瘟免疫不成功、个体有免疫反应不良或免疫抑制、个体有猪瘟带毒3种情况。因此，应立即用高保真疫苗进行规范免疫注射，注射后28～30 d采血重新检测猪瘟抗体水平。加强免疫后再次检查猪瘟抗体水平仍然不合格的猪，则可能是个体有免疫反应不良或免疫抑制、个体有猪瘟带毒，必须淘汰。

猪场通过猪瘟抗体检测，淘汰加强免疫后不合格的种猪，使种猪群猪瘟抗体合格率逐渐达到 100%。凡是新增后备母猪都必须进行猪瘟抗体检测，抗体不达标的母猪不能留种。经过猪瘟抗体水平普查后需定期监测种猪群抗体水平，保证猪瘟抗体水平合格率达到90%以上。猪场可以根据猪瘟抗体检测来确定猪场猪瘟的最佳免疫程序，并对疫苗的选择和操作人员的工作效果进行跟踪和评价。

（二）猪伪狂犬病的净化

猪伪狂犬病是猪群多种传染病的原发性疾病之一。同时，猪伪狂犬病还可能导致免疫抑制。由于伪狂犬病基因缺失疫苗的问世，gE基因缺失疫苗和配套的gE-ELISA鉴别诊断试剂盒的成功应用，使猪伪狂犬病的净化成本大大降低，我国许多规模化猪场通过伪狂犬病野毒抗体检测进行伪狂犬病净化，并取得了显著效果。

1. 检测猪群

结合猪瘟抗体检测，用同样的血清进行猪伪狂犬病野毒抗体的检查。首次检测的猪场，种公猪、后备种公猪、种母猪和后备种母猪全部采血检测；留作种用的后备猪在100 d时逐头采血；有流产、产死胎、木乃伊等症状的种母猪全部进行检测。首次检查后，种猪场每年检测2次。种公猪、后备种公猪全部检测，种母猪、后备种母猪按10%～20%的比例抽检；商品猪不定期进行抽检。

2. 血清猪伪狂犬病抗体的检测

采用酶联免疫吸附试验（ELISA），选择伪狂犬病gE抗体检测试剂盒，对血清进行伪狂犬病 gE 抗体检测。

3. 净　化

经伪狂犬病野毒抗体检测，野毒抗体阳性的猪只，则为曾感染伪狂犬病野毒株或接种过带伪狂犬病 gE 毒的弱毒疫苗或灭活疫苗，必须淘汰野毒感染阳性猪和隐性带毒猪。对于种用仔猪，检测结果阴性的可以留种，检测结果阳性的淘汰；对于公猪，检测结果阳性的严禁采精或配种，立即淘汰；对于母猪，检测结果阳性、暂时无法淘汰的，需限制其活动，以免接触其他猪只传播。之后，逐渐尽快淘汰，最终将所有阳性和带毒猪只全部清除，建立无伪狂犬病的种猪群，实现猪场伪狂犬病净化。

实施伪狂犬病净化的技术是目前猪病净化技术中最成熟的技术，需要注意的是，伪狂犬病的净化是针对免疫 gE 基因缺失疫苗的猪场。对于伪狂犬病野毒阴性猪场，需采集 5%~10%的猪只血清进行伪狂犬病 gB 抗体的检测（IDEXX 试剂盒），以确定猪群伪狂犬病抗体的中和保护力。

（三）猪传染性胸膜肺炎的控制与净化

猪传染性胸膜肺炎主要通过以下措施来实现控制与净化。

首先对猪群进行感染率的调查；其次，鉴定猪群流行优势血清型，以确定使用的疫苗种类；最后，采用能区分灭活疫苗免疫猪群和病原自然感染猪群的 ELISA 抗体鉴别诊断技术，对感染猪进行淘汰处理。同时，猪群预防性投入敏感药物，减少感染强度，有助于猪传染性胸膜肺炎的控制与净化。

第三节　常见传染性疾病的防制

传染病是由病原微生物和寄生虫引起的具有一定的潜伏期和临诊表现，并具有传染性的疾病。传染病通过动物之间直接接触传染或间接地通过生物或非生物的传播媒介互相传染，进而构成流行。当猪场同时存在传染源、传播途径及易感动物三个条件并相互联系时，就会造成传染病的发生。

猪场常见的传染性疾病包括病毒性疾病、细菌性疾病和寄生虫性疾病，猪病的防治必须本着“养重于防、防重于治、防治结合”的原则，通过环境控制、加强饲养管理、严格消毒、定期免疫接种及药物预防、自繁自养或安全引种、及时扑灭疫病等综合防疫措施有效预防和控制传染性疾病，减少猪场损失，提高猪场的生产效益和经济效益。

一、常见病毒性疾病

（一）猪瘟

1. 病原及特点

猪瘟是由猪瘟病毒引起的一种烈性、热性、接触性传染病。主要特征为组织器官多发性出血、坏死和梗死。近年来，多以非典型性、慢性和温和性（隐性）形式出现，特别是不标准临床症状带毒母猪的垂直传播及猪群中的水平传播，造成猪场猪瘟的持续感染，给养猪生产带来重大损失。潜伏期 2 ~ 12 d，仔猪死亡率高于成年猪，生长猪的病毒血持续期较仔猪短。自然条件下，口鼻接触是最易感的途径，母猪持续感染和仔猪胎盘感染是目前引起免疫失败的重要原因，并形成循环感染传播。

2. 临床症状

典型猪瘟临床少见，表现出最急性型和急性型；非典型猪瘟临床多见，表现出慢性型和温和型。

（1）最急性型：多见于流行初期，突然发病，病猪体温 41℃以上稽留热，皮肤和黏膜发绀，有出血斑点，经 1 ~ 8 d 死亡。

（2）急性型：病猪体温达 41℃持续不退，眼结膜发炎，眼睑浮肿、分泌物增加，在下腹部、耳根、四蹄、嘴唇、外阴等处可见到紫红色斑点。病初排粪困难，后期出现腹泻，或腹泻与便秘交替，粪便呈灰黄色或带血的黏液。公猪包皮内积有尿液，用手挤压后流出浑浊灰白色恶臭液体。哺乳仔猪主要表现神经症状，如磨牙、痉挛、角弓反张或倒地抽搐，最终死亡。

（3）慢性型：主要表现为消瘦、贫血，全身衰弱，常伏卧，步态缓慢无力，食欲不振，便秘和腹泻交替。有的病猪在耳端、尾尖及四肢皮肤上有紫斑或坏死痂。病程一个月以上，仔猪死亡率较高，存活仔猪因长期发育不良成为僵猪。妊娠母猪感染后，可能将病毒通过胎盘传给胎儿，造成流产、产死胎或产出弱小的仔猪或断奶后出现腹泻。

（4）温和型：病情发展缓慢，病猪体温一般在 40 ~ 41℃，皮肤常无出血小点，但在腹下部多见瘀血和坏死。有时可见耳部及尾巴皮肤坏死，俗称干耳朵、干尾巴。病程长达 2 ~ 3 个月。

3. 防制措施

加强饲养管理，定期消毒，预防霉菌毒素的危害，开展免疫检测，制订合理的免疫程序，实施疫病控制与净化技术，控制免疫抑制性疾病，防止继发感染。一旦发生猪瘟，除认真做好隔离、封锁、消毒及尸体处理外，紧急接种有一定的效果，剂量为常量的 1～3 倍（详细内容参考本章相关内容）。

猪场参考免疫程序：

仔猪在 20 日龄左右进行猪瘟疫苗的首免，每头仔猪接种 4 头份；60 日龄左右进行二免，每头仔猪接种 4 头份；后备种猪在配种前做第三次免疫，母猪在产后 20 日龄左右进行猪瘟免疫，种公猪每年春秋两季各免疫 1 次，每头猪 4 头份。

发生过猪瘟或受到猪瘟威胁的猪场的参考免疫程序：初生仔猪实施超前免疫，每头仔猪在吃初乳前注射 1～2 头份猪瘟细胞苗，1～2 h 后再进行哺乳；30～40 日龄进行二免，每头接种 4 头份。

治疗措施：

本病无有效药物治疗，可采取以下措施：（1）抗猪瘟血清：每日 1 次，连用 2～3 d，皮下、静脉或肌肉注射。（2）猪苗原三联血清：2～4 mL/kg，连用 2～3 d，皮下、静脉或肌肉注射。

（二）口蹄疫

1. 病原及特点

口蹄疫是由口蹄疫病毒引起的偶蹄兽的一种急性、热性、高度接触性的人畜共患病传染病。主要特征是在口腔黏膜、蹄部及乳房皮肤出现水泡和溃烂，康复猪带毒和排毒造成猪隐性感染和病毒持续感染。病猪和带毒猪构成主要传染源，主要通过消化道、呼吸道、破损皮肤、黏膜、眼结膜及人工授精直接或间接传播，昆虫、鸟类、老鼠是主要传播媒介，气源性传播是口蹄疫流行的重要因素。此病流行发病率高，传播快，冬春秋季多发，仔猪死亡率高。

2. 临床症状

临床症状以口腔黏膜、蹄部及乳房皮肤出现水泡和溃烂为主，以蹄部的水泡为主要特征。病初体温 40～41.5℃，精神沉郁，吃食减少或废绝，患肢不能站立、卧地不起，鼻镜、乳房常见到水泡和烂斑，尤其是哺乳母猪。哺乳仔猪感染后，很少见到水泡和烂斑，主要发生胃肠炎和心肌炎而突然死亡，死亡率达 80%以上。

口蹄疫的临床诊断病变是心脏，心包膜有弥散性及点状出血，心肌松软，心肌切面有灰白色或淡黄色条纹，似老虎的斑纹，俗称“虎斑心”。临床诊断时需注意与猪水泡病的区别。

3. 防制措施

疫苗免疫仍然是防控口蹄疫的主要措施。平时预防应定期接种口蹄疫疫苗，对受威胁猪群紧急预防接种。未确诊前，在严格隔离、封锁下进行对症治疗：患部用3%来苏儿液或 0.1%高锰酸钾液洗涤消毒后，涂擦速效碘原液或紫药水。确诊为口蹄疫病猪时应迅速封锁疫点，猪群全部销毁，以防扩散。所有污染场的猪舍、饲养用具、运输用具及可能污染的地方彻底消毒，在疫区未解除封锁前，严禁购入猪只，同时对非疫区猪只进行紧急预防接种。

猪场参考免疫程序：

（1）仔猪免疫：仔猪出生后分别在 30 日龄、60 日龄、90 日龄进行口蹄疫疫苗免疫接种，注意免疫操作，避免由于剂量不足或注射后疫苗溢出等情况，造成免疫失败或免疫效果降低的结果。

（2）母猪免疫：母猪每年免疫接种口蹄疫疫苗 3 次，每隔 4 个月免疫接种 1 次，每次 3 ~ 5 mL。

紧急接种免疫程序（未曾免疫过疫苗的猪群）：全场各年龄段猪群紧急接种口蹄疫高效苗，体重 25 kg 以下的猪，耳后肌肉注射 2 mL/头，体重 25 kg 以上的猪，耳后肌肉注射 3 mL/头。先接种健康猪群，后接种可疑猪舍内的猪群。第一次接种后间隔 15 d，各年龄段猪群加强免疫，接种剂量与第一次相同或增加 1 mL/头。必要时可改肌肉注射为交巢穴注射，以提高注苗效果。

（三）伪狂犬病

1. 病原及特点

伪狂犬病是由伪狂犬病病毒引起的一种急性传染性病。主要特征是发热、全身奇痒、呼吸道病变、脑脊髓炎等症状。病猪、带毒猪及带毒鼠是主要传染源，主要经病猪的口鼻分泌物、乳汁和尿液排出毒素，带毒猪排毒时间持续 1 年。伪狂犬病潜伏期 3 ~ 6 d，主要通过接触传染，还可经过呼吸道黏膜、破损皮肤和交配感染。妊娠母猪可垂直感染胎儿，哺乳母猪感染后 1 周左右乳汁中带有毒素，持续 3 ~ 5 d，仔猪吸乳而感染。15 日龄仔猪易感，日龄越小死亡率越高。成年猪多隐性，可引发呼吸道症状。伪狂犬病无明显季节性，但冬春季节较为多发。

2. 临床症状

临床症状主要取决于毒株和感染量，尤其是感染猪的年龄。弱毒株只在 2 ~ 3

周龄仔猪表现出临床症状，强毒株则在所有感染猪均表现出临床症状。

2 周龄内的哺乳仔猪：病初高热 41℃，呕吐、下痢、厌食、精神不振，呼吸困难、呈腹式呼吸。先出现发抖、共济性失调、间歇性痉挛等神经症状，后出现犬坐姿势、倒地划水等症状，常伴有癫痫样发作、昏睡，触摸时肌肉抽搐，最后衰竭死亡。有中枢神经症状出现的猪，常在 24 ~ 36 h 死亡，哺乳仔猪的死亡率高达 100%。

3 ~ 9 周龄的仔猪：病症疾病同哺乳仔猪，但症状较轻，发病率和死亡率较低。如断奶前后仔猪出现黄色水样粪便，则死亡率可达 100%。

3 ~ 4 月龄仔猪：发病猪只仅表现轻微症状或隐性感染，主要表现出低烧、呼吸困难等呼吸道病症，持续几天即可恢复，发病率 100%，如无并发症时，死亡率仅为 1% ~ 2%。

成年猪：妊娠母猪常表现出发热、咳嗽、精神不振，流产、死胎和木乃伊，流行常发生在感染后 10 d 左右，新疫区可造成 60% ~ 90%的妊娠母猪流产和死胎；临产母猪感染，则造成产弱胎和初生仔猪感染，1 ~ 2 d 死亡；后备母猪、空怀母猪和公猪感染，死亡率很低，不超过 2%。

3. 防制措施

疫苗免疫接种是预防和控制伪狂犬病的根本措施。同时，应加强猪群的日常管理，实施全进全出及同日龄阶段饲养，加强疫情监控，实施猪群净化技术，并根据抗体水平制订科学合理的免疫程序。

猪场参考免疫程序：

（1）仔猪免疫：哺乳仔猪免疫根据本场猪群感染情况而定。本场未发生过或周围也未发生过伪狂犬疫情的猪群，可在 30 d 以后免疫 1 头份灭活苗；若本场或周围发生过疫情的猪群，应在 15 日龄注射 0.5 头份，23 ~ 25 日龄接种基因缺失弱毒苗 1 头份，3 月龄以上注射 1 头份；疫区或疫情严重的猪场应在仔猪 3 日龄用基因缺失弱毒苗滴鼻，保育和育肥猪群应在首免 3 周后加强免疫 1 次。

（2）种猪免疫：后备猪应在配种前实施至少 2 次伪狂犬疫苗的免疫接种，2 次均可使用基因缺失弱毒苗。种母猪 9 月龄免疫 2 头份，产前再免疫 2 头份。种公猪 9 月龄注射 2 头份，以后每 6 个月免疫 1 次。

（四）猪繁殖与呼吸综合征（PRRS）

1. 病原及特点

猪繁殖与呼吸综合征又称高致病性蓝耳病，是由动脉炎病毒中的猪繁殖与呼吸综合征病毒引起的一种高度接触性传染病，呈地方流行性。具有很强的免疫抑制作用，感染猪继发感染恶化为慢性传染病。主要特征是繁殖障碍、呼吸困难、耳朵蓝紫，并发其他传染病。主要感染繁殖母猪和仔猪，感染猪和带毒猪可通过鼻汁、尿液、粪便、精液、呼出的气体向外排毒，猪场一旦感染很难净化。近年来，蓝耳病在我国出现了基因变异，导致了高致病性猪蓝耳病传播，受感染的种猪场母猪流产和死胎率可达20%以上，仔猪死亡率高达80%，给养猪生产带来重大损失。

2. 临床症状

临床症状以病猪体温升高，耳尖、腹部、外阴等皮肤呈蓝紫色，以耳尖变蓝为最常见。妊娠母猪早产、流产和产死胎；仔猪主要表现出呼吸困难、运动失调，逐渐死亡；断奶仔猪危害最大，表现发热、边缘皮肤青紫，腹式呼吸、嗜睡、厌食，后腿肌肉震颤，共济失调，倒地不起，进而消瘦、死亡。高致病性蓝耳病对生长猪、肥育猪、种猪也发生类似症状，死亡率较高。

3. 防制措施

猪场应通过坚持自繁自养、注意引种安全，严格执行消毒、免疫接种制度，实现全进全出、建立生物安全体系等综合防疫措施，提高猪群抗病力。由于蓝耳病病毒具有很强的免疫抑制，不建议采用普免。做好其他疫病的免疫接种，控制好其他疫病，特别是猪瘟、猪伪狂犬病和猪气喘病的控制。定期对猪群中猪繁殖与呼吸综合征病毒的感染状况进行监测，每季度监测一次。对发病猪场要严密封锁，对发病猪场周围的猪场也要采取一定的措施，避免疫病扩散，对流产的胎衣、死胎及死猪都做好无害处理，产房彻底消毒；隔离病猪，对症治疗，改善饲喂条件等。在感染猪场，可以考虑给母猪接种灭活疫苗。

（五）猪传染性胃肠炎

1. 病原及特点

猪传染性胃肠炎是由猪传染性胃肠炎病毒引起的高度接触性肠道传染病。主要特征是仔猪呕吐、严重腹泻、脱水等症状，各年龄猪均可发生，10日龄以内龄仔猪死亡率高，5周龄以上的猪死亡率很低，母猪、成年猪多能自然康复。病猪及康复猪的粪、尿和分泌物是本病流行的原因，主要通过粪便、乳汁、鼻汁、呕吐物及呼出气体排出病毒，经消化道和呼吸道感染易感猪，传染性强。呈明显的地方性流行，具有明显的季节性，冬春季节发病最多。老疫区母猪带有抗体，10日龄内仔猪发病率和死亡率很低；新疫区呈爆发性流行，10日龄的仔猪死亡率达100%。

2. 临床症状

临床症状以 10 日龄内的仔猪常突然发病为主，病猪呕吐，粪便呈白色或黄绿色，内含凝乳块且有腥臭，脱水，大多 2 d 内死亡，死亡率达 100%。日龄越大，死亡率越低。成年猪出现厌食和腹泻，个别猪呈喷射状水样下痢，脱水，体重下降，母猪泌乳减少或停止，无继发感染的多在 3 ~ 5 d 后好转。

3. 防制措施

猪场应通过坚持自繁自养，不从疫区或病猪场进猪，坚持免疫接种制度，在冬春季节应对猪进行传染性胃肠炎弱毒疫苗接种。母猪产前 20 ~ 30 d 接种，提高仔猪的免疫保护效果，大猪每年 10 月至次年 4 月免疫接种。在本病流行的猪场，可用病猪粪便或小肠捣碎后，给产前一月左右的母猪采食，刺激母猪产生母源抗体，通过初乳使新生仔猪获得免疫。

本病无有效药物治疗。一旦发病，立即隔离，用 3%氢氧化钠液等消毒剂对猪舍、场地等进行消毒。治疗主要采取对症疗法，防止继发感染。仔猪发病主要采取抗菌补液、防止脱水，可静注葡萄糖生理盐水和适量 5%的碳酸氢钠液防止脱水和酸中毒。

（六）猪流行性腹泻

1. 病原及特点

猪流行性腹泻是由猪流行性腹泻病毒引起的一种急性高度接触性传染病。主要特征是呕吐、腹泻、脱水等症状，临床症状与猪传染性胃肠炎非常相似。各年龄猪均可发生，哺乳猪、肥育猪发病率高，母猪的发病率变化大，哺乳仔猪的危害最大，5 ~ 8 周龄内仔猪常表现出顽固性腹泻。病猪是本病主要的传染源，主要通过粪便污染环境、饲料、饮水、工具等，经消化道传染。本病呈地方性流行，多发于寒冷季节，病猪严重腹泻、脱水是导致死亡的主要原因。

2. 临床症状

临床症状以病猪水样腹泻、呕吐为主。常发生于吃食或哺乳后，粪便呈白色或黄绿色，内含凝乳块且有腥臭，脱水，大多 2 d 内死亡，死亡率达 100%。潜伏期 5 ~ 8 d，日龄越大，症状越轻，死亡率越低。新生仔猪腹泻后 3 ~ 4 d 严重脱水而死亡，死亡率达 50% ~ 100%，病猪体温正常或稍高，精神沉郁，食欲减退或废绝。断奶仔猪和母猪出现厌食和持续腹泻，一周后康复，断奶仔猪恢复后生长发育不良。肥育猪主要表现出腹泻，一周后康复，死亡率仅 1% ~ 3%。成年猪症状轻微，表现呕吐，个别猪呈水样腹泻，3 ~ 4 d 自愈。

3. 防制措施

猪场应通过坚持自繁自养，不从疫区或病猪场进猪，坚持免疫接种制度，常用传染性胃肠炎、流行性腹泻二联灭活苗接种妊娠母猪，使仔猪通过初乳获得免疫保护。断奶仔猪免疫接种，可降低猪传染性胃肠炎和猪流行性腹泻病的发生，治疗方案参照猪传染性胃肠炎。

（七）猪流行性感冒

1. 病原及特点

猪流行性感冒也称猪流感，是由猪流感病毒引起的一种急性、高度接触性传染病。主要特征是发热和不同程度的呼吸道症状。常因副猪嗜血杆菌或巴士杆菌混合或继发感染，加重病情。病猪和带毒猪为主要传染源，主要通过呼吸道感染，病愈猪仍可带毒 6 ~ 8 周。病猪多发生于秋末、冬季和早春，气候突变、拥挤、受寒等可诱发本病，发病突然，常全群同时出现临床症状，但死亡率低。

2. 临床症状

临床症状以病猪突然发病，全群同时感染最常见。病猪体温达 40 ~ 42℃，精神委顿，食欲不振或废绝，腹式呼吸，咳嗽，气喘，眼和鼻腔流出黏性分泌物。如无并发症，病程较短，多数病猪 6 ~ 7 d 后康复。如有继发感染，常发生大叶性出血性肺炎或肠炎而死亡。

3. 防制措施

本病无有效疫苗和特效疗法，只能对症治疗。春、秋季节，应特别加强饲养管理，保持猪舍清洁、干燥、防寒。一旦发病，立即隔离，采取对症和防止继发感染的措施。

（八）猪乙型脑炎

1. 病原及特点

猪乙型脑炎是由日本乙型脑炎病毒引起的一种虫媒性传染病。主要特征是引发母猪流产或死胎，公猪出现睾丸炎。病毒存在于病猪的中枢神经系统和睾丸组织内，以吸血雌蚊为媒介传播，带毒越冬的蚊是次年感染猪的传染源。本病多发于每年蚊虫滋生的季节，呈地方性流行，感染率高，发病率低。

2. 临床症状

临床症状主要表现出妊娠母猪出现病毒血症，病毒通过胎盘入侵胎儿，引发母猪流产、死胎或产弱仔，分娩延期，关节肿大、跛行、后肢麻痹。出生后存活的仔猪出现皮下水肿，高度衰竭及震颤、抽搐、癫痫等神经症状。种公猪常发生单侧睾丸炎，康复后一侧睾丸大，一侧睾丸小。

3. 防制措施

消灭蚊虫是本病防控的根本。加强环境卫生、清理卫生死角、防止积水、避免蚊虫滋生。加强饲养管理，尤其是没有经过乙脑流行季节的幼龄动物的管理，从非疫区引进的动物，做好灭蚊工作。每年乙型脑炎流行季节前进行疫苗接种，并在流行季节期间尽量避免蚊虫叮咬，猪场可根据具体情况选择灭活疫苗、弱毒活疫苗和基因工程疫苗进行预防接种，接种对象为 5 月龄以上的种猪。本病无有效治疗方案。

（九）猪细小病毒病

1. 病原及特点

猪的细小病毒病是由猪的细小病毒引起的一种繁殖障碍性疾病。主要特征是导致母猪流产、死胎和木乃伊胎。主要发生于初产母猪，病猪和隐性带毒猪是主要传染源，主要通过胎盘垂直感染和交配感染，多呈散发。

2. 临床症状

配种前 10 d 至配种后 1 个月感染的母猪，由于病毒通过胎盘感染胎儿致死或被吸收，临床症状表现为不孕和不规则反复发情，母猪产出的仔猪大小不一，活仔和死仔都有，部分胎儿钙化。妊娠 50 ~ 60 d 感染的母猪，胎儿死亡后形成木乃伊，多出现流产症状。妊娠 70 d 感染的母猪，胎儿有自身免疫力，大多数可以存活，但长期带毒。

3. 防制措施

猪场应通过坚持自繁自养、不从疫区或病猪场进猪，保证引种安全。坚持免疫接种制度，强化生物安全体系建设。新引进种母猪：入场 1 周内接种，母猪配种前半个月加强免疫 1 次。后备母猪：配种前半月间隔 2 周免疫两次。经产母猪：配种前免疫 1 次。种公猪：一年两次接种。

本病目前尚无有效的治疗方法，母猪有流产、死胎及产木乃伊临床表现时，应在饲料或饮水中添加广谱抗菌类药物控制“产后”感染。

（十）猪圆环病毒病

1.病原及特点

猪圆环病毒病是由圆环病毒引起的一种传染性疾病。主要特征是仔猪体质下降、消瘦、贫血、腹泻、呼吸困难、丘疹性皮炎。主要感染 8～13 周龄仔猪，哺乳仔猪极少发病，病毒的阳性率高达 80%以上，带毒猪通过粪便和鼻腔的分泌物排出病毒，经消化道感染健康猪只，本病是一种免疫抑制性疾病。

2.临床症状

本病有两种血清型：猪圆环病毒Ⅰ型和猪圆环病毒Ⅱ型，对猪致病的是猪圆环病毒Ⅱ型。主要表现出仔猪多系统衰竭综合征（PMWS）、肾性皮炎（PDNS）、增生性坏死性肺炎（PNP）、猪呼吸道综合征（PRDC）、繁殖障碍、先天性震颤、肠炎等，致死率在 10%～30%，严重猪场死淘率可达 40%左右，给猪场造成很大的经济损失。多系统衰竭综合征多发于 6～16 周龄断奶仔猪，多呈爆发势态。病猪消化机能降低、腹泻，并出现呼吸系统症状，渐进性消瘦、胸腰椎突出，最后衰竭死亡。皮炎肾衰竭综合征，病猪主要在背部、胸部、前后肢内侧出现皮肤炎症，可见稍微隆起的红紫色丘状斑点，四肢和眼睑周围水肿。

3.防制措施

加强饲养管理，采取卫生防疫和生物安全措施，实施全进全出和封闭式管理。12～21 日龄哺乳仔猪肌肉注射 1 头份猪圆环病毒Ⅱ型疫苗，母猪配种前 2 周注射 2～4 mL，产前一个月的母猪肌肉注射 2 头份猪圆环病毒Ⅱ型疫苗。还可应用药物预防，控制细菌性的混合感染或继发感染，以减轻本病的发生。病猪无特效治疗方法。

二、猪常见细菌性疾病

（一）猪大肠杆菌病

1.病原及特点

猪大肠杆菌病是由病原性大肠杆菌引发的仔猪肠道传染性疾病。因病原菌血清型及猪的生长期不同，产生的疾病也不同，临床表现为仔猪黄痢、仔猪白痢和仔猪水肿病。主要特征是肠炎和肠毒血症。

2.猪大肠杆菌病的防控措施

（1）仔猪黄痢：仔猪黄痢是由猪大肠杆菌引起的一种以消化道症状为主的疾病，

多发生于一周龄内初生仔猪，尤其是 3 日龄内仔猪的急性、高度致死的肠道传染病。主要表现为剧烈腹泻、排黄色或黄白色水样稀便，病猪迅速脱水死亡。初生第一天最易感染，3 d 左右发病，最迟不超过 7 d，同窝仔猪发病率、死亡率高。带菌母猪是传染源，经消化道感染，头胎母猪产下的仔猪最严重，随胎次增加而减轻。卫生差、母猪乳房不洁、气候突变和寒冷，是引起本病的诱因。

临床症状表现为仔猪初生时正常，一窝猪突然有一两头表现衰竭、迅速死亡，猪群中其他仔猪相继出现突然严重腹泻、排黄色水样粪便、混有小气泡并带有腥臭味，病猪腹泻加重，出现口渴、脱水，最后昏迷死亡。死亡仔猪的显著特征为肠道卡他性炎症，尤其是十二指肠。

本病需采取综合防控措施。强化饲养管理，保持猪舍卫生、干燥，控制饲养密度，注意防寒保暖，尽早吃足初乳。采取自繁自养、全进全出的饲养模式，完善病猪的隔离制度。严格免疫接种，可明显降低仔猪黄痢的发病比例和死亡率。母猪产前 15～20 d 注射仔猪大肠杆菌灭活苗 K88、K99，仔猪出生后 1、7、14 d 选用强力霉素或头孢噻呋钠分别注射 0.5 mL、1 mL、1.5 mL。用仔猪大肠杆菌三价苗在母猪产前 15～20 d 肌肉注射 2 头份，产前 40、15 d 注射 2 次能够有效防止仔猪黄白痢及仔猪水肿病的发生。存在本病的猪场，新生仔猪出生 12 h 内预防投药，治疗时全窝给药，初生仔猪口服微生态制剂可减少本病的发生。及时正确用药可降低死亡率，可选用新霉素、痢菌净、氟哌酸、恩诺沙星等。可采用腹腔注射，当一窝猪中有一头发病时，即尽快全窝用药。

（2）仔猪白痢：仔猪白痢是由猪大肠杆菌引起的一种以消化道症状为主的疾病，多发生于 10～30 日龄的仔猪，尤以 10～20 日龄仔猪最常见和严重。本病四季都有发生，多发于寒冬、早春、炎热季节和天气剧变时，本病发病率高、死亡率低。仔猪营养不良、猪圈卫生差、母猪吃了霉烂变质饲料或营养不全、乳房不清洁、气候突变等都可诱发本病。

临床症状主要表现出病猪突然腹泻，排出灰白色粥样腥臭稀便，食欲和体温无明显变化。病猪发育缓慢、逐渐消瘦、弓背、皮肤粗糙无光、胃寒、脱水，少数发病日龄低的仔猪死亡，有的成为僵猪，多数 3～7 d 后自行康复。

本病主要通过改善饲养管理及卫生条件、免疫接种和药物治疗等综合防控措施，明显降低仔猪白痢的发病率和死亡率。免疫同仔猪黄痢。对于发病猪只需及时治疗，疫苗影响仔猪生长和其他疾病。可采用调痢生、促菌生等微生态制剂内服，维持生态平衡，增强机体免疫力，合成多种消化酶和营养物质；还可采用抗生素治疗，用长效沙星配合 6542 针剂注射，1 日 2 次，连用 3 d，治疗仔猪白痢。需注意防脱水。发病期间，可在饮水中添加0.1%高锰酸钾、少量食盐，起到治疗的辅助作用。同时，也补充了电解质，防止脱水虚脱。

（3）仔猪水肿病：仔猪水肿病是由溶血性大肠杆菌毒素引起的一种疾病，主要发生于断奶后的肥胖幼猪，尤其是断奶后 1～2 周，体质健壮、生长迅速的猪只，饲料单一、缺乏维生素 E 和硒、精料过多、气候突变等为诱因。本病发病率 5%～30%，死亡率高达 90%以上。本病多发于春季，发生过黄痢的仔猪一般不会发生。

临床症状主要表现出断奶仔猪眼睑或其他部位水肿及有神经症状，病猪突然发病，盲目行走或转圈，共济失调，口吐白沫，叫声嘶哑，倒地抽搐，卧地不起，昏迷死亡。病初体温可能升高，很快降低至常温或略低。眼睑或结膜及其他部位出血水肿，尤其是胃黏膜多在胃大弯和贲门部水肿，结肠系膜常呈胶冻样水肿。

本病主要采用综合防控和治疗措施，预防和降低发病率。首先，应加强饲养管理，减轻仔猪断奶后的营养性应激，控制断奶后 3 周内仔猪日粮中的蛋白质水平，3 日龄内仔猪及时补铁补血。其次，对 14～18 日龄仔猪注射猪水肿病的多价灭活疫苗，断奶前后使用多种驱虫剂驱虫，均可有效预防和减少水肿病和腹泻的发生。最后，加强管理、清洁、消毒制度，避免圈舍积尿、积水，消灭传染源可有效控制本病的发生和流行。本病治疗的关键是做到“早发现、早诊断、早隔离、早治疗”四早，治疗方案主要是强心利尿、缓解神经症状和组织水肿、清理细菌内毒素，抗菌消炎。口服硫酸钠 15 g，肌肉注射速尿 10 mL，1～2 次/d，连用 3～5 d；10%氯化钙 5 mL、50%葡萄糖 50 mL、25%甘露醇 30 mL 和维生素 C 注射液 4 mL 静脉注射，1 次/d，连用 2～3 d。2%甲磺酸培氟沙星注射液（水肿灵）或者 2%左旋氧氟沙星注射液 0.1～0.2 mL/kg 体重、头孢曲松钠或者头孢噻肟钠 10～15 mL/kg 或者 5%氟苯尼考注射液 0.1～0.2 mL/kg 体重，与 5%长效磺胺注射液 0.1～0.2 mL/kg 联合使用，1～2 次/d，连用 3～5 d。在抗致病性大肠杆菌的同时，亦可治疗链球菌混合感染引起的脑炎等神经症状。

（二）猪副伤寒

1. 病原及特点

猪副伤寒又称猪沙门氏菌病。主要是由猪伤寒沙门氏菌和猪霍乱沙门氏菌引起的一种细菌性传染病。潜伏期数日至数月，临床上分为急性型和慢性型，主要特征是高热、精神不振、食欲减退、拉带血或脓性的稀便、脱水、消瘦、衰竭死亡，如治疗不及时可成为僵猪。病猪和带菌猪是主要传染源，健康带菌现象普遍。病源污染饲料和饮水后，经消化道感染猪只，多发于 1～4 月龄的断奶仔猪。本病四季都可发生，多发于多雨潮湿季节。

2. 临床症状

（1）急性型：又称败血型，多发于断奶前后的仔猪，体温 41～42℃，下痢，排淡黄色恶臭、有时带血或黏液的稀粪，呼吸困难，耳根、胸前、腹下皮肤呈蓝紫色或有出血斑，病程 1～4 d，发病率低、死亡率高。

（2）慢性型：较为常见，以坏死性肠炎为特征。体温 40.5～41℃，精神不振、喜钻草堆，眼结膜发炎，有脓性分泌物，初便秘后腹泻，排灰白色或黄绿色恶臭水样粪便，内混有血或坏死组织，皮肤出现紫斑。病程长，持续数周，最后极度消瘦，有的衰竭死亡，有的成为僵猪。

3. 防控措施

采取综合防控措施，自繁自养、杜绝传染源、消除发病诱因。加强饲养管理，初生仔猪应尽早吃到初乳，提前补料。保持圈舍卫生、干燥，定期接种、药物预防等措施可以有效预防本病。

病猪及时隔离治疗，采用抗菌消炎、止泻补液等治疗手段及时隔离治疗，并彻底消毒环境。对发病猪只可选择氟哌酸、恩诺沙星、氯霉素等敏感抗菌药物及时治疗。与发病猪同圈、同舍的猪群采用饲料中添加抗生素预防，对于慢性病猪及时予以淘汰。

（1）阿米卡星注射液，每次 20 万～40 万国际单位，肌内注射，2～3 次/d。大蒜 20 g，捣汁后一次灌服，1 次/d，连用 2～3 次。

（2）1%盐酸多西环素注射液，3～10 mL/次，肌内注射，0.3～0.5 mg/kg，1 次/d，连用 3～5 d。盐酸土霉素 0.6～2 g，分 2～3 次喂服，60～100 mg/kg 用药。

（3）对发病仔猪也可选用中药治疗，中药方剂为：败酱草 40 g，薏苡仁 30 g，金银花 20 g，丹参、苦参、土茯苓各 18 g，地丁 15 g，丹皮 10 g，广木香 6 g，煎水给仔猪内服，每天早晚各内服一次，连续内服 3～5 d。

（三）猪链球菌病

1. 病原及特点

猪链球菌病是由猪链球菌引起的多种传染病，临床上分为急性型和慢性型。主要表现出急性败血症和脑炎等神经症状，慢性关节肿大，心内膜炎和组织化脓性炎症。病猪和带菌猪是本病的主要传染源，主要经呼吸道、消化道前段传染，或经病猪及其排泄物污染饲料、饮水、器具等引发猪只大批感染而流行。所有猪只易感，多发于 30 ~ 60 kg 的保育猪，多为慢性，哺乳仔猪多为急性，发病率和死亡率高。本病呈地方流行性，新疫区爆发多为急性败血型，慢性呈散发性，无明显季节性，以 5 ~ 11 月多发。潜伏期 1 ~ 3 d，有的长达 6 d 以上。

2. 临床症状

本病在临床上分为猪败血性链球菌病、猪链球菌性脑膜炎和猪淋巴结肿胀等类型。

（1）猪败血性链球菌病：分最急性、急性和慢性三类。最常见的是急性败血型，多呈爆发性流行。病猪突然发病，体温 40 ~ 42℃，呈稽留热，食欲废绝。眼结膜潮红、流泪，呼吸急促、鼻镜干燥、流鼻液，有时咳嗽。耳、颈部、背部、腹下、四肢下端等处皮肤出现紫斑。常见便秘，有时可见血尿和腹泻，病程 3 ~ 5 d。最急性型发病急、死亡快，多不见明显症状即死亡，有的突然不食、体温升高、呼吸急促、卧地不起，24 h 内死于败血症。慢性型多为急性转化而来，主要表现出关节炎，病猪关节肿胀、跛行或不能站立，有明显痛感，严重时瘫痪。有的出现心内膜炎，病猪皮肤发红或发绀，最后衰竭死亡。母猪可引起子宫炎及流产、死产等。

（2）猪链球菌性脑膜炎：常见于哺乳仔猪和断奶仔猪，以脑膜炎为主要症状。病初体温升高至 40.5 ~ 42.5℃，食欲废绝，流出浆液性或黏液性鼻液，迅速出现神经症状、四肢共济失调、转圈、磨牙、人接近时尖叫或抽搐，30 ~ 36 h 死亡。亚急性和慢性可转化为关节炎型。病猪关节肿胀、疼痛，跛行、不能站立，精神和食欲不定，衰竭或逐渐恢复，病程 1 ~ 5 d。

（3）猪淋巴结肿胀：以颌下、咽部、颈部淋巴结化脓和肿胀为特征，尤以颌下淋巴结的化脓性严重最为常见。病猪局部淋巴结肿胀、有痛感、局部温度升高，严重时体温升高、食欲减退，咳嗽、流鼻涕，淋巴结中央由硬变软、皮肤变薄，自行破溃、流出浓汁，局部治愈，全身症状减轻，病程 2 ~ 3 周，死亡率几乎为零。

3. 防控措施

（1）预防措施：加强猪场、屠宰场及猪舍的卫生、消毒和隔离制度，减少疫病的传播。及时隔离病猪、淘汰带菌母猪，清除传染源，污染的用具和环境用 3%来苏儿等消毒液彻底消毒。做好菌苗预防接种，预防用疫苗最好选择相同血清型菌苗，菌苗最好用弱毒活菌苗，如能分离本场菌苗，效果最好。

（2）治疗措施：一旦发病，应全群用药，预防继续传播。首先，通过药敏试验，筛选对猪链球菌敏感的抗菌药物，如青霉素、阿莫西林、氨苄西林等，用大剂量的抗菌药物对早期治疗有一定疗效。同时，可按不同病型进行对症治疗。对于淋巴结脓肿型，待脓肿成熟后，及时切开、排除脓汁，用 3%双氧水或 0.1%高锰酸钾液冲洗后，涂以碘酊。对于败血症型及脑膜脑炎型，则应在早期使用大剂量抗生素或磺胺类药物。青霉素和地塞米松，庆大霉素和青霉素等联合应用都有良好效果。

（四）猪丹毒

1. 病原及特点

猪丹毒俗称“打火印”，是由猪丹毒杆菌引起的一种急性、热性败血性传染病，临床上分为急性型、亚急性和慢性型。主要表现为急性败血型、亚急性疹块型和慢性多发性关节炎、心内膜炎和皮肤坏死。病猪和带菌猪为主要传染源，主要经消化道传播，也可以通过皮肤损失、蚊虫叮咬等传播。多发于 3 ~ 6 月龄猪。在北方地区，本病的流行有明显的季节性，夏秋季发病率高，而南方地区无季节性，呈散发性或地方性流行，有时也发生爆发性流行。环境条件的改变及应激因素是本病的诱因。

2. 临床症状

（1）急性败血型：最常见，以突然爆发、急性经过和高死亡为特征。病猪体温达 42℃以上，持续不退，食欲废绝，精神不振；结膜充血、粪便干硬，附有黏液。小猪后期下痢。耳、颈、背皮肤潮红、发紫，临死前腋下、股内、腹内有不规则鲜红色斑块，指压褪色，有时可见神经症状，常于 3 ~ 4 d 内死亡。哺乳仔猪和刚断乳的小猪发生猪丹毒时，一般突然发病，表现神经症状，抽搐，倒地而死，病程多不超过 1 d；妊娠母猪常发生流产。死亡率 80%左右，存活猪只转为疹块型或慢性型。

（2）亚急性疹块型：食欲不振，精神沉郁，体温达 41℃以上。病初在身体不同部位，尤其胸侧、背部、颈部至全身出现界限明显、圆形或四边形的有热感的疹块，俗称“打火印”，指压褪色。疹块突出皮肤 2 ~ 3 mm，大小约 1 至数厘米，几个到几十个不等，干枯后形成棕色痂皮。病猪口渴、便秘、呕吐、体温高。疹块发生后，则体温下降、病势减轻，数天至十余天则自行康复。部分病猪症状恶化，转变为败血型而死亡，病程约 1 ~ 2 周。

（3）慢性型：由急性型或亚急性型转变而来，也有原发性，常见慢性关节炎、慢性心内膜炎和皮肤坏死等几种。

慢性关节炎型：主要表现为四肢关节炎性肿胀，病腿僵硬、疼痛。以后急性症状消失，而以关节变形为主，呈现一肢或两肢的跛行或卧地不起。病猪食欲正常，但生长缓慢，体质虚弱，消瘦，病程数周或数月。

慢性心内膜炎型：主要表现为消瘦、贫血、全身衰弱，喜卧、厌走动，强使行走、跛行。心脏有杂音，心跳加速、亢进，心律不齐，呼吸急促。病猪不能治愈，通常由于心脏麻痹突然倒地死亡。溃疡性或椰菜样疣状赘生性心内膜炎。心律不齐、呼吸困难、贫血，病程数周至数月。

慢性型的猪丹毒有时会形成皮肤坏死，常发生于背、肩、耳、蹄和尾等部，局部皮肤肿胀、隆起、坏死、色黑、干硬、似皮革，逐渐与其下层新生组织分离，约经 2～3 个月坏死皮肤脱落，遗留一片无毛、色淡的疤痕而愈。如有继发感染，则病情复杂，病程延长。

3. 防控措施

（1）预防措施：加强饲养管理，保持栏舍清洁卫生和通风干燥，避免高温高湿，定期消毒、药物预防和免疫接种。对购入新猪隔离观察 21 d，对圈栏、用具定期消毒；发生疫情时隔离治疗、消毒；未发病猪用青霉素注射，2 次/d，3～4 d 为止，加强免疫。预防免疫，种公、母猪每年春秋两次进行猪丹毒氢氧化铝甲醛苗免疫。肥育猪 60 d 时进行一次猪丹毒氢氧化铝甲醛苗或猪三联苗免疫一次即可。如果生长猪群不断发病，则有必要采取免疫接种，选用二联苗或三联苗，8 周龄一次，10～12 周龄最好再接种一次。为防母源抗体干扰，一般 8 周龄以前不做免疫接种。

（2）治疗措施：发病后及时隔离病猪，同群猪拌料用药。在发病后 24～36 h 内治疗，疗效理想。首选药物为青霉素类（阿莫西林）、头孢类（头孢噻呋钠）。对该细菌应一次性给予足够药量，以迅速达到有效血药浓度。发病猪只隔离，注射阿莫西林 2 g/50 kg 体重+清开灵注射液 20 mL/50 kg 体重，每天一次，直至体温和食欲恢复正常后 48 h，药量和疗程一定要足够，不宜停药过早，以防复发或转为慢性。同群猪用清开灵颗粒 1 kg/1 000 kg 料、70%水溶性阿莫西林 800 g/1 000 kg 料，拌料治疗，连用 3～5 d。疫病流行期间，预防性投药，全群用清开灵颗粒 1 g/kg 料、70%水溶性阿莫西林 600 g/1 000 kg 料，均匀拌料，连用 5 d。

（五）猪肺疫

1. 病原及特点

猪肺疫又叫锁喉风或猪出血性败血症，俗称“肿脖子瘟”，是由多杀性巴氏杆菌引起的一种急性、热性、败血性传染病，临床上分为最急性型、急性型和慢性型。主要表现为咽喉部肿胀和高度的呼吸困难，慢性病猪症状不明显，有时有关节炎。病猪和带菌猪为主要传染源，病猪的分泌物、排泄物污染饮水、饲料、用具及外界环境，经消化道传播；也可由咳嗽、喷嚏排出病原，通过飞沫经呼吸道传播；此外，吸血昆虫叮咬皮肤及黏膜伤口都可传播。本病一般无明显的季节性，但以冷热交替、气候多变、高温季节多发，一般呈散发性或地方流行性，不良的外界环境（如寒冷、闷热、气候剧变、潮湿、拥挤、通风不良、营养缺乏、疲劳、长途运输等）是本病的诱因，潜伏期 1～5 d。

2. 临床症状

（1）最急性型：病猪未出现任何症状，突然发病，迅速死亡。病程稍长者表现为体温升高到 42℃以上，咽喉部和颈部发热、红肿、坚硬，严重者延至耳根、胸前。食欲废绝，呼吸极度困难，心跳急速，可视黏膜发绀，皮肤出现紫红斑。病猪呈犬坐势，常于 1～2 d 内窒息死亡。死亡率常高达 100%，自然康复者少见。

（2）急性型：最常见，呈胸膜肺炎症状。体温达 40～41℃，初期为痉挛性干咳，呼吸困难，口鼻流出白沫，有时混有血液，后变为湿咳。随病程发展，呼吸更加困难，常呈犬坐姿势，胸部触诊有痛感。精神不振，食欲不振或废绝，皮肤出现红斑，后期衰弱无力，卧地不起，多因窒息死亡。病程 5～8 d，存活猪只转为慢性。

（3）慢性型：主要表现为肺炎和慢性胃肠炎。持续性咳嗽和呼吸困难，有少许黏液性或脓性鼻液。关节肿胀，有痂样湿疹，食欲不振，腹泻，消瘦，病程 2 周以上，多数衰竭死亡，病死率 60%～70%。

3. 防控措施

（1）预防措施：加强饲养管理，消除可能降低抗病能力因素和致病诱因，如圈舍拥挤、通风采光差、潮湿、受寒等不良诱因，定期消毒、预防和接种。科学引种、全进全出，降低饲养密度，早期断奶，对常发病猪场在饲料中添加药物预防。每年春秋两季定期用猪肺疫氢氧化铝甲醛菌苗或猪肺疫口服弱毒菌苗进行两次免疫接种。也可选用猪丹毒、猪肺疫氢氧化铝二联苗，猪瘟、猪丹毒、猪肺疫弱毒三联苗。接种疫苗前几天和后 7 d 内，禁用抗菌药物。发生本病时，应及时隔离、封锁、严密消毒。同栏的猪，用血清或用疫苗紧急预防。对散发病猪应隔离治疗，消毒猪舍。

（2）治疗措施：最急性病例由于发病急，常来不及治疗，病猪已死亡。青霉素、链霉素和四环素族抗生素对猪肺疫都有一定疗效。抗生素与磺胺药合用，如四环素+磺胺二甲嘧啶，泰乐菌素+磺胺二甲嘧啶则疗效更佳。在治疗上特别要强调的是，本菌极易产生抗药性，因此有条件的应做药敏试验，选择敏感药物治疗。

（六）猪传染性胸膜肺炎

1. 病原及特点

猪传染性胸膜肺炎是由胸膜肺炎放线杆菌引起的猪呼吸系统的一种接触性传

染病。临床主要表现为以猪急性纤维素性胸膜肺炎或慢性局灶性坏死性肺炎为特征。病猪和带毒猪是主要传染源，通过空气、猪只之间直接接触、污染物或人员传播，经呼吸道感染。猪群转移、混养、拥挤和恶劣气候条件会增加传播和发病机会。各年龄阶段猪均易感，常见于生长猪和成年猪。

2. 临床症状

本病潜伏期 1 ~ 7 d，因病菌毒力和感染量而异，分为最急性、急性、亚急性和慢性。

（1）最急性型：临床表现为个别猪只突然发病，体温升高至 41.5℃，食欲废绝，精神倦怠，短期腹泻或呕吐。病初无呼吸症状，但脉搏、心跳加快；后期出现心衰和循环障碍，鼻、耳、眼、后驱皮肤发绀；晚期出现呼吸困难、张口呼吸、犬坐姿势、体温下降，临死前口鼻流出血性泡沫。出现临产症状后 24 ~ 36 h 死亡，有的猪只无先兆死亡。

（2）急性型：临床表现为多数猪只发病，体温升高至 40.5 ~ 41℃，皮肤发红、厌食，倦怠，不愿站立。严重呼吸困难、咳嗽，有时张口呼吸，呈犬坐姿势。病初 24 h 内临床症状表现明显，如治疗不及时，1 ~ 2 d 内窒息死亡，有的转为亚急性和慢性。

（3）亚急性和慢性型：病程长短不一，病症不明显。病猪多不发热，有不同程度的自发性或间歇性咳嗽，食欲不振，增重减缓。若无其他疾病并发，一般能够自然耐过。

3. 防控措施

（1）预防措施：采取综合防控措施，注意安全引种，防止带入传染源。加强定期使用药物防控本病发生和继发感染，对 2 ~ 3 日龄仔猪免疫接种。加强饲养管理，保持猪舍环境卫生和适宜环境条件，减少应激因素。

（2）治疗措施：猪群发病时，以解除呼吸困难和抗菌为原则进行治疗，使用足够剂量的抗生素和保持足够长的疗程。本病早期治疗可收到较好的效果，应结合药敏试验结果而选择抗菌药物。可选用氟甲砜霉素肌肉注射或胸腔注射，连用 3 d 以上；饲料中拌支原净、强力霉素、氟甲砜霉素或北里霉素，连续用药 5 ~ 7 d。

（七）猪传染性萎缩性鼻炎

1. 病原及特点

猪传染性萎缩性鼻炎是由猪多杀性巴氏杆菌和败血波氏杆菌协同引起的一种

慢性呼吸道传染病。临床主要表现为以猪鼻炎、鼻甲骨萎缩、鼻部变形和生产迟缓为特征。病猪和带毒猪是主要传染源，通过飞沫传播，经呼吸道感染。各年龄阶段猪均可感染本病，常见于 2～5 月龄猪。本病多由病猪或带菌猪传染给仔猪。本病传播速度慢，多为散发或呈地方性流行。

2. 临床症状

病猪表现出打喷嚏、流鼻涕、流出浆液性和脓性分泌物等鼻炎症状，常因鼻黏膜受刺激而表现出不安、前肢挠鼻，或鼻端拱地、墙壁、料槽边缘，不同程度的鼻出血。发病后 3～4 周，鼻甲骨开始萎缩，至鼻腔受阻、呼吸困难、脸部变形，嘴向一侧歪斜。眼结膜经常发炎，眼角流泪，常在眼眶下部皮肤形成半月形的褐色或黑褐色斑痕，“黑斑眼”是典型特征。

3. 防控措施

（1）预防措施：加强饲养管理，严格执行卫生防疫制度。可在母猪产前 2 个月和 1 个月接种支气管败血波士杆菌（Ⅰ相菌）灭活苗和支气管败血波士杆菌二联灭活菌苗，通过母源抗体保护仔猪，也可对 1～3 周仔猪免疫接种，间隔 1 周进行二免。

（2）治疗措施：对早期有鼻炎症状的病猪，定期向鼻腔内注入卢格氏液、1%～2%硼酸液、0.1%高锰酸钾液等消毒剂或收敛剂，都会有一定好处。从仔猪采食开始进行药物预防，按照 1 000 kg 饲料加入磺胺甲氧嗪 100 g，或金霉素 100 g，或加入磺胺二甲基嘧啶 100 g、金霉素 100 g、青霉素 50 g 三种混合剂，连续喂 3～4 周，对消除病菌、减轻症状及增加猪的体重均有好处。

（八）副猪嗜血杆菌

1. 病原及特点

副猪嗜血杆菌病又称多发性纤维素性浆膜炎和关节炎，是由副猪嗜血杆菌引起的多发性纤维素性浆膜炎和关节炎的细菌性传染病，这是一种继发性疾病，多见于蓝耳病的猪场，使用过高致病蓝耳病疫苗的猪场情况更为严重。主要表现为肺浆膜、心包、腹腔浆膜及四肢关节浆膜的纤维素性炎为特征的呼吸道综合征。病猪和带毒猪是主要传染源，通过空气直接接触传播，经呼吸道感染。2～17 周龄猪易感，主要感染 5～10 周龄的仔猪，尤其是断奶后 10 d 左右的仔猪。

2. 临床症状

本病常因受到强应激或患有免疫抑制性疾病感染的混合作用而发生和流行，临床症状多样，缺乏典型特征。病猪主要表现出体温升高、食欲下降、精神沉郁，四肢关节出现炎症、关节肿大、跛行或运动不协调，颤抖、共济失调，消瘦、被毛粗乱，皮肤发绀，频频咳嗽、有脓性分泌物、呼吸困难，腹式呼吸、呼吸浅表，呈犬卧式喘息，最后窒息死亡。

3. 防控措施

（1）预防措施：本病因血清型众多，接种疫苗的效果不理想，本病的预防措施主要是加强饲养管理，消除发病诱因，尤其应加强断奶仔猪的饲养管理，减轻断奶应激，这是预防本病的重要措施。

如发现本病发生，应及时隔离和治疗病猪，果断淘汰无治疗价值的病猪。病死猪采取无害化处理措施，彻底清理病死猪猪舍，用火焰喷灯消毒猪圈地面和墙壁。再用 2%火碱彻底喷雾消毒，每天早晚各 1 次，连续喷雾消毒 4 d。料槽、水槽用具用 2%火碱溶液洗刷，然后再用清水冲洗。在发病期间，提高消毒药液浓度，加强对周围环境消毒和猪舍的消毒。疫区及其周围环境 4～6 次/d，母猪和未发病的仔猪中午时带猪喷雾消毒 1 次/d（喷雾时选用新型喷雾器），猪场生活区 1 次/d，减少病原微生物排放对环境的污染。

发现本病发生，应对受威胁和健康母猪群全群投药防控，按照每 1 000 kg 饲料添加泰乐菌素 800 g+阿莫西林 250 g，连喂 7 d。再交替使用 10%氟苯尼考 500 g+多西环素 250 g，前 3 d 治疗量加倍，后 4 d 为常规治疗量。饮水中加葡萄糖、多种维生素、小苏打，连用 5～7 d，增强机体抵抗力，减少应激反应。

（2）治疗措施：对于发病猪只及时治疗，用柴胡、氨苄青霉素或 30%氟苯尼考注射液肌注，1 次/d，连用 7 d。

三、猪常见寄生虫性疾病

寄生虫包括体内寄生虫和体外寄生虫两大类。寄生虫病除干扰猪的正常生活节律、降低饲料报酬和影响猪的生长速度以及猪的整齐度外，还是很多疾病，如猪的乙型脑炎、细小病毒、猪的附红细胞体病等的重要传播者，给养猪业造成严重的经济损失。

（一）猪蛔虫

1. 病原史

猪蛔虫病是由蛔虫引起猪常发的一种肠道寄生虫病。新鲜虫体为淡红色或淡黄色，中间稍粗、两端尖，表面光滑，似蚯蚓。猪蛔虫在猪小肠内完成受精后雌虫产卵，虫卵随粪便排出，经 3～5 周发育成感染性虫卵。经饲料饮水等再次进入猪的小肠中孵出幼虫，并进入肠壁的血管，随血流循环至肝脏蜕皮成三期幼虫，幼虫随血液循环由肺毛细血管进入肺泡，在此发育形成四期幼虫。此后再沿支气管、气管上行，后随黏液进入会厌，经食道而至小肠发育为成虫。从感染时起到再次回到小肠发育为成虫，共需 2～2.5 个月。虫体以黏膜表层物质及肠内容物为食。在猪体内寄生 7～10 个月后，即随粪便排出。

2. 临床症状

蛔虫的幼虫移行和成虫寄生过程中分泌的毒素可导致途径器官和组织的坏死，严重损害肝脏和肺脏，肠道内的蛔虫侵袭肺脏，引起蛔虫性肺炎。轻度感染时，表现为消化不良、消瘦、生长发育缓慢或成为僵猪，严重的出现拉稀、呕吐、腹痛。虫体过多、聚集成团时，可引起肠道阻塞，甚至造成肠管破裂而死亡。若虫体钻入胆管，阻塞胆管而表现为腹痛和黄疸等症状。

3. 防控措施

保持环境卫生、加强粪污处理和综合利用、定期驱虫是有效的防控措施。及时清扫猪圈，粪便要堆积发酵后利用，防止患蛔虫病的猪的粪便污染饲料、饮水和用具。定期驱虫可以有效控制本病发生。散养猪 2～8 月龄每隔两个月驱一次虫；猪粪便经堆积发酵或沼气发酵处理后可作农用，以阻止蛔虫卵的散播。圈面、墙壁、用具可用 50～75℃热水冲洗，对污染地面用生石灰、2%～5%热碱水（60℃以上）及 5%～10%石炭酸进行喷洒。驱虫药物有：敌百虫：0.1 g/kg，配成水溶液，拌料一次喂服；左咪唑：10 mg/kg，拌料一次喂服；也可用 5%注射液，体重 7 mg/kg，肌肉注射；驱蛔灵：0.1 g/kg，混入饲料给药；丙硫苯咪唑：5 mg/kg，混入饲料或配成悬液给药。

（二）猪球虫病

1. 病原史

猪球虫病是由艾美尔属和等孢属的球虫引起的一种原虫病。主要侵害仔猪，临床以小肠的卡他性炎症为特征。艾美尔球虫的感染性卵囊在仔猪肠道内释放出来，进入肠上皮细胞，形成新的卵囊，再脱离肠上皮细胞，随粪便排出体外。哺乳仔猪发病率高，尤其是 15 日龄后的仔猪，常继发其他疾病，死亡率高。母猪为阴性带虫者，潮湿的产床是仔猪球虫病的重要诱因。

2. 临床症状

病初时仔猪食欲不振、下痢、排出黄色黏稠稀便。仔猪逐渐消瘦，发育受阻，多自行恢复。部分仔猪严重下痢而死亡。

3. 防控措施

做好环境卫生、严格执行消毒制度是减少新生仔猪球虫病损失的最好方法。保持产房的清洁、卫生、干燥，及时清除粪便，用 50%以上的漂白粉或 5%氨水或氨水复合物消毒几小时或熏蒸；严格执行产房、人员和器具的消毒，禁止外来人员、宠物、猫狗等进入产房，以免携带卵囊在产房中传播。加强产房内母猪的护理，泌乳母猪的乳汁充足，仔猪健壮，可提高抗病能力。

发现病猪应尽早隔离治疗，把药物加入饮水中或将药物混于铁剂中有比较好的效果；个别给药是治疗该病的最佳措施。治疗用药：①磺胺类。磺胺二甲基嘧啶、磺胺间甲氧嘧啶、磺胺间二甲氧嘧啶等，连用 7 ~ 10 h。②抗硫胺素类。氨丙啉、复方氨丙啉、强效氨丙啉、特强氨丙啉、SQ 氨丙啉，20 mg/kg，口服。③均三嗪类。杀球灵、百球清等，3 ~ 6 周龄的仔猪口服 20 ~ 30 mg/kg。④莫能霉素，每 1 000 kg 饲料加 60 ~ 100 g；拉沙霉素，每 1 000 kg 饲料加 150 mg，连喂 28 d。⑤氯苯胍，每千克体重 20 mg，灌服；每日 1 次，连服 3 d。⑥复方新诺明，每千克体重 100 mg，灌服，1 次/d，连服 3 d。

（三）猪弓形虫病

1. 病原史

猪弓形虫病又称弓形体病、弓浆虫病，是由月牙形或梭形的猪弓形虫引起的一种人畜共患性原虫病。猫是终末宿主，猪是中间宿主，猪采食含有卵囊的猫粪而感染。虫体侵入猪体后，随淋巴、血液循环到全身各个器官，寄生、产生毒素，侵害器官和组织。临床主要是高热、黄疸和血红蛋白尿，母猪流产、死胎和产弱仔。猪弓形虫病常为突然爆发。

2. 临床症状

病猪体温 40.5 ~ 42℃，稽留热，精神委顿、食欲减退，多便秘，有时下痢。呼吸困难，呈腹时呼吸或犬坐势呼吸，有的病猪咳嗽和呕吐。体表淋巴结，特别是腹股沟淋巴结肿大明显。耳、四肢下部及腹下皮肤出现紫红色斑点状出血或淤血。

3. 防控措施

保持猪栏和运动场的清洁卫生和干燥，及时扫除猪粪并堆积发酵，禁止养猫。

定期消毒，本病流行期间，用磺胺药进行预防。在本病流行地区，应对猪进行弓形虫检疫，检出隐性感染猪，隔离饲养，治疗或淘汰，以消灭传染源。常见治疗方案：① 复方敌菌净口服 75 mg/kg，疗效显著。② 磺胺嘧啶口服 7 mg/kg，甲氧苄氨嘧啶 14 mg/kg，每天两次，连用 3 ~ 5 d。③ 磺胺-6-甲氧嘧啶 60 ~ 100 mg/kg，单独口服，或配合三甲氧苄嘧啶 14 mg/kg，口服，一次/d，连用四次。④ 中药治疗用“灭弓汤”，25 kg 体重的用量配方：槟榔 7 g、常山 10 g、桔梗 6 g、柴胡 6 g、麻黄 5 g，水煎候温内服，每日两次，用药 3 ~ 4 d。

（四）猪疥螨病

1. 病原史

猪疥螨病俗称癞，是由猪疥螨寄生于猪皮内引起的一种慢性、接触性体外寄生虫病。成虫在猪皮肤内挖掘隧道，以宿主皮肤组织和渗出淋巴液为营养。雄虫在交配后死亡，雌虫存活 4 ~ 5 周产卵，虫卵孵化出的幼虫在皮肤上凿洞，在洞内蜕化为若虫，并继续在皮肤内发育为成虫。整个发育过程 8 ~ 22 d。以皮肤严重瘙痒、皮炎为主要特征，主要通过与病猪接触或被疥螨及虫卵污染的圈舍内的垫草、用具等间接接触而感染。

2. 临床症状

临床主要因成虫、幼虫和若虫在皮肤内凿洞、分泌毒素，导致肢蹄皮肤瘙痒，病猪不断蹭痒导致被毛脱落、皮肤潮红、浆液渗出，甚至出血，皮肤增厚、粗糙变硬、皱褶、龟裂、皮屑，生长发育受阻、渐进性消瘦。

3. 防控措施

加强饲养管理，做好猪舍卫生工作，经常保持清洁、干燥、通风。栏舍的墙壁喷洒 1%敌百虫溶液药水或涂生石灰水，进猪时，应隔离观察，防止引进带螨病病猪。发现病猪应立即隔离治疗，以防止蔓延。同时，应用杀螨药彻底消毒猪舍和用具，将治疗后的病患猪安置到已消毒过的猪舍内饲养。常用治疗方案：① 伊维菌素按 0.03 mL/kg 注射，粉剂 15 ~ 20 mg/kg 口服。② 用配制成 0.5% ~ 1%敌百虫水溶液喷洒或淋洗猪体。③ 杀虫脒配制成 0.1% ~ 0.2%溶液局部涂擦或喷洒。④ 花椒 15 克 g、硫黄 15 g、雄黄 15 g、菜油 150 mL，调匀擦患部。

第八章 猪场的粪污处理技术

规模化养猪生产带来的环境污染问题已经成为世界性难题，并成为阻碍养猪业发展的重要因素。目前，解决猪场粪污污染问题的途径是对猪场粪污进行无害化处理、资源化利用，推行清洁化生产，实现养猪业生态、健康、持续发展。

第一节 猪场粪污排放对环境的污染

随着我国畜牧业的迅猛发展，养猪业逐渐由小规模分散养殖向集约化、规模化、工厂化养殖方式发展。每年猪场产生大量粪便、尿液与污水等废弃物，如果不经过处理直接排放，将造成农业养分资源的大量损失，并对环境造成严重的污染。

一、猪场粪污排放现状

（一）猪场粪污排放量

我国规模化养猪业的快速发展，使得每天猪场粪污排放量形成一个惊人的数字。一头肥育猪从出生到出栏，排粪 0.85 ~ 1.05 吨，排尿 1.2 ~ 1.3 吨；一个万头规模的猪场，每年排放粪尿 3 万吨，污水 3 ~ 4 万吨。目前我国 5 000 头以上规模化猪场有 1 500 家，每年产生的粪污总量超过 1 亿吨。虽然我国制定了相应的法律法规，但是仅有极少数猪场建立了能源环境工程，对粪污进行处理和综合利用，绝大多数猪场并没有有效解决粪污污染问题。仍然存在猪场周围臭气冲天、蚊蝇乱飞，地下水严重污染，少数地区传染病与寄生虫病流行的现象，严重阻碍了养猪业的健康、持续发展。

当然，猪场粪便的排放量与品种、性别、生长期、饲料、天气等因素有关，而生产方式和饲养管理水平则影响污水的排放量。

表 8-1 规模化猪场不同饲养阶段猪只产污系数

项目	饲养阶段		
	保育猪	育成猪	繁殖母猪
产粪量（kg）	0.45	0.79	1.01
产尿量（kg）	1.65	3.47	5.60
化学需氧量（kg）	0.105 915	0.206 65	0.274 955
氨氮（kg）	0.001 211	0.002 900	0.005 802
全氮（kg）	0.007 028	0.011 647	0.016 027
总磷（kg）	0.003 985	0.006 539	0.013 381
铜（g）	0.149 015	0.294 565	0.055 816
锌（g）	0.169 360	0.267 714	0.348 474

由表 8-1 可以看出，不同生理阶段的猪只的排污量和主要污染物产污系数不相同，由于繁殖母猪的粪尿产生量均比保育猪和育成猪高，繁殖母猪的粪污排放量和主要污染物产污系数最高，育成猪和保育猪较低。由表 8-2 可以看出，不同清粪工艺的排污量和污水水质存在很大差别。干清粪工艺比传统的水冲粪和水泡粪工艺分别减少猪场污水排放量的 60%～70%和 40%～50%，并显著减少污水中的 5 日生化需氧量、化学需氧量和悬浮固体量。干清粪工艺也是规模化猪场首推的清粪工艺。

表 8-2 不同清粪工艺的猪场污水水质和水量

清粪工艺		水冲粪	水泡粪	干清粪		
				1	2	3
水量	平均每头（L/d）	35～40	20～25	10～15	10～15	10～15
	万头猪场（m^3/d）	210～240	120～150	60～90	60～90	60～90
水质指标（mg/L）	5 日生化需氧量	5 000～60 000	8 000～10 000	302	1 000	—
	化学需氧量	11 000～13 000	8 000～24 000	989	1 476	1 255
	悬浮物	17 000～20 000	28 000～35 000	340	—	132

（二）猪场粪污污染源

猪场粪污污染源主要来源于猪粪尿、废水和废气。

1. 猪场粪尿污染

猪场粪尿中含有大量的氮、磷、饲料添加剂残留物以及药物和微生物等，构成对土壤和水源的污染。一个万头规模猪场每年可排粪 100 ~ 161 吨氮和 20 ~ 33 吨磷，每克粪污含有 83 万个大肠杆菌、69 万个肠球菌和一定的寄生虫卵等，大量有机物的排放使得猪场粪污中的生化需氧量（BOD）和化学需氧量（COD）大幅升高，许多猪场的 BOD 和 COD 严重超过国家规定的污水排放标准（BOD 6 ~ 80 mg/L，COD 150 ~ 200 mg/L）。而另一个污染源则是生产中用于预防和治疗的基本药物残留，以及为了提高生产性能超量添加的微量元素也随着粪尿排出，构成对土壤和水源的污染。

2. 猪场废水污染

养猪生产中会产生大量的生产废水，主要来自于猪排出的尿液、消毒剂、冲洗地面用水、冲粪水、饮水渗漏、雨水及生活用水等。一般分散养猪场的废水排放量小，稀释后对环境污染较小。而规模化、集约化养猪场则会产生大量废水，不容易稀释，不经过有效处理，会对土壤和水源构成严重污染。

3. 猪场废气污染

养猪生产中猪群会产生氨气、硫化氢、二氧化碳、酚、吲哚、粪臭素等有害气体，产生的甲烷和硫酸也构成了对猪场内环境和周围环境空气的污染。

二、猪场粪污对环境的污染

猪场粪污对环境的污染主要表现在粪污对周围土壤、水源和空气的污染。

（一）土壤污染

猪粪中的微量元素随粪尿排出体外，作为有机肥料施放到农田，实现资源再利用。长期施用会出现磷、铜、锌及其他微量元素在土壤中的富集，导致土壤富营养化，对农作物产生毒害作用，严重影响农业生产。尤其是一些养殖场为了提高饲料利用率和促进猪只生长，在日粮中违规添加大剂量的铜和锌，显著增加粪便中铜和锌的排泄量，对土壤造成污染。粪尿中的药物残留、微生物等也造成对土壤的污染，甚至造成疫病传播。

（二）水源污染

猪场产生的粪尿进入水体造成水源污染。通过粪便冲洗进入水体，或是在堆肥过程中因降雨进入水体，或是粪污直接排入河流或通过施肥灌溉后进入水体，粪中含有大量的氮、磷、其他微量元素、药物残留、微生物等最终造成水源污染。大部分氮形成硝酸盐渗入地下或流入江河，造成水源广泛污染。磷渗入地下或排入江河，造成藻类和浮游生物大量繁殖，产生更严重的环境污染。此外，规模化猪场产生的大量生产和生活污水也构成对水源的污染。

（三）空气污染

猪场产生的氨气、硫化氢等有害气体，呼出的二氧化碳及粪尿产生的粪臭素等污染空气，直接影响猪的健康和生长繁殖，也会影响人类的健康，并加剧地球温室效应。

三、解决猪场粪污染的途径

规模化猪场粪污排放量对环境的污染不断加剧，各国一直研究和推进粪污处理技术和方法，分别采取粪便干处理、堆肥处理、固液分离处理、饲料化处理、干燥法处理、热喷法处理和沼气法处理以及沸石吸附恶臭等技术对粪污进行处理，减少粪污对环境的污染。但是，目前仍然没有一种单一处理方法能达到理想效果。为了保证养猪业的健康、持续发展，必须严格执行环境影响综合评价报告制度，科学规划建设，遵循“种养结合—健康养殖—生态环保—循环利用”新模式，推进创新型养殖新工艺，促进养殖业与种植业的协调发展，追求规模养殖的无污染和零排放的目标，对猪场废弃物进行减量化、无害化、资源化和生态化处理。2001 年颁布了《畜禽养殖污染防治管理办法》和《畜禽养殖业污染物排放标准》（GB 18596—2001），标志着我国已经对畜禽养殖业污染物的排放有了严格的限制，对畜禽废弃物管理已进入到科学化、规范化、法制化、常态化的轨道。

解决猪场粪污染必须从粪污染的源头上抓起。首先，按照可持续发展战略规划确定养殖规模与布局。合理规划、科学选址，根据周围农田对污水的消纳能力确定养殖规模，增加环保意识、减少污水排放是实现粪污处理的有效途径。最后，采取营养措施，减少粪污排放量。通过添加合成氨基酸、减少氮排放量，添加植酸酶、减少磷排放量，合理使用饲料添加剂、减少微量元素排放量，使用除臭剂、减少臭气和有害气体的排放。采用粪污处理综合利用技术，推行清洁生产模式才是解决猪场粪污染的有效途径。

第二节　猪场粪污处理及综合利用

随着我国相应的法律法规的颁布和实施，为了抑制日益严重的规模化养殖带来的污染问题，全国各地不断研发、推广和应用养殖场粪污处理技术，沼气处理工程和生态环保模式以及相关设备，为规模化养猪的粪污处理及综合利用打下了坚实基础。目前我国规模化猪场粪污处理的方法主要是粪污综合利用和污水达标排放，前者是实现农业可持续发展的重要途径，后者是生猪养殖持续健康发展的重要保障。

规模化猪场由于生产规模、生产方式和管理水平不一致，粪污处理可以设计和选择不同的技术方案对猪场粪污进行有效处理。目前规模化猪场的粪污处理技术主要包括水冲式、水泡式和干清粪式 3 种清粪工艺及其配套粪污处理技术环节。规模化猪场在规划设计时需配套设计相应的设备，确保猪场粪污经有效处理后，达到国家规定的排放标准和卫生防疫要求。

一、猪场粪污清理和收集

（一）水冲式清粪工艺

水冲式清粪是在漏缝地板猪舍利用机械或自动冲洗设备，每天两次从沟端的自翻水斗放水冲洗粪沟中的粪污，将落入、被踩入、冲洗进粪沟内的粪尿污水混合物冲至舍外集粪池，经固液分离后即可进一步处理。这种清粪方式设备简单、成本低、劳动强度小、劳动效率高，有利于卫生防疫要求，是我国南方地区猪场常采用的形式。但是耗水量大，粪尿污水混合，增大粪污处理量和固液分离难度。

（二）水泡式清粪工艺

水泡式清粪工艺对水冲式工艺进行改进，猪舍采用高床全漏缝地板，粪沟底部保持一定坡度。粪尿落入粪沟后经冲洗水浸泡、稀释后流向栏舍横向端的集（储）粪沟内储集发酵，夏季经 1 ~ 2 个月、冬季 2 ~ 3 个月后，提起粪沟端的闸板即可排放粪液。此法简便易行，劳动效率高，用水量较少，但是猪舍湿度大，有害气体浓度高，影响饲养人员和猪只健康。同时，粪污污染物浓度高，粪水污染物处理效果差，粪液很难达到排放标准。只能采用生态还田模式再次利用，要求猪场必须有足够的农田消纳粪污，不适应规模化猪场。

（三）干清粪工艺

采用干清粪工艺的猪场要求减少冲洗地面用水，舍内实行粪污分离，适合于实体或微缝地面（缝隙宽度 5 mm），主要在我国北方地区使用。通常人工清扫和收集地面和缝隙间粪便，将干粪运送至堆肥场以便进一步处理；尿液与污水一道流入舍内浅的排污沟，可以进一步处理。此法设备简单、节电，无臭味，大大减少了猪场的用水量和粪污排出量。同时干粪养分损失少、肥料价值高，是比较理想的清粪工艺，国外采用得比较多，是我国目前主导的清洁生产模式。

二、猪场粪污处理

粪污处理主要包括干湿分离处理、发酵处理和生态处理三种模式，由于清粪工艺不同，猪场粪污处理的技术方案有所区别，其中干湿分离处理模式是目前规模化猪场常用的模式，也是解决粪污污染的理想模式。

（一）干湿分离处理

干湿分离处理是利用专门的粪污处理设备将猪粪进行固液分离，分离出的干粪用于制作肥料，而粪水则用于发酵产气，实现对粪污的有效利用。干湿分离处理工艺因清粪工艺不同而异。干清粪工艺直接收集固体粪便，集粪沟主要收集的是尿液和少量冲洗液混合的废水，方便分别对粪便和废水进行处理。水冲式和水泡式清粪工艺集粪沟中收集的是粪、尿和冲洗液的混合物，需要利用固液分离机将粪液从储粪池中抽出、分离成含水率低于 70%的固体粪渣和粪水（粪液），才能对固体粪便和粪水分别处理和利用。水冲式清粪工艺的粪水经固液分离后，固形物中污染物浓度较高、肥力较低，粪水中残留大量可溶性有机物及微量元素；而水泡式清粪工艺的粪水混合物中污染物浓度更高，后期处理更加困难。

1. 固体粪便的处理

固体粪便的处理主要是制作肥料或燃料进行综合利用。目前，规模化猪场收集的固体粪便主要采用好氧堆肥处理系统，利用微生物降解有机物，杀死病原微生物、寄生虫及其虫卵和草籽等，转化成优质、高效的有机肥料。还可以采用化学处理法、干燥减量法、猪粪燃烧法和猪粪气化发电法进行有效处理。

（1）堆肥发酵处理：堆肥发酵处理是将粪便和堆肥辅料混合后，堆放在土地、水泥地或箱体里面，利用微生物进行好氧发酵（主发酵）和厌氧发酵（次发酵），降解粪便中的有机物，也可以借助于风机、多孔管道促进发酵，形成可以直接使用的有机肥。常见的堆肥方法包括条垛堆肥、静态通气堆肥、箱式堆肥及槽式堆肥等形式。猪场根据自身的情况选择堆肥形式，并设置配套的设施和设备。一般堆肥场应选择在猪场下风处，周围无水源，最好有绿化带。堆肥最好与化肥配合，制作成复合肥使用。如要出售，则需经过干燥后与化肥混合，以免影响肥力。

（2）化学处理：化学处理是利用化学物质降解粪便中的有机物，将氨转变成硝酸盐，将硫化氢转变成硫酸，减少排泄物中的有害物质对环境的污染。

（3）干燥减量法：干燥减量法是利用干燥脱水设备对粪便进行处理，将猪粪中的水分控制在 16%～30%。目前，规模化猪场使用的喷热处理设备可以将大批量的粪便进行加热、脱水、喷放处理，起到了杀虫杀菌、粉碎、膨松、除臭的作用，同时还提高了有机物的消化率，处理后即可直接利用，或者进一步干燥、配混和制粒后出售。

除此之外，固体粪便还可以作为燃料利用，也可以进行生物质能转化利用，实现猪粪减量化、资源化、清洁化循环利用。

2. 粪水处理

（1）发酵处理：粪污进入集水池短暂储存后进行固液分离，进行沼气发酵处理，可以有效利用沼气、沼渣和沼液，既有利于环境卫生，又可以实现废物再利用。

（2）沼气利用：规模化猪场的粪水利用沼气发酵工艺，对液态粪污中的微生物和有机物进行降解产生沼气，并对沼气进行净化和利用。在规划设计猪场时，需配套设置集水池、固液分离机、调节池、发酵池（罐）、安全保护装置等粪污处理的相关设施设备及储气柜、气水分离器、脱硫器、沼气灶具、沼气发电机、沼气锅炉、沼气热水器、沼气灯等沼气净化和利用设施和设备，以保证规模化猪场粪污的安全、有效的处理和利用。

（3）沼渣沼液利用：规模化猪场常采用螺旋回转筒式固液分离机分离沼渣和沼

液，沼渣发酵后是很好的有机肥，沼液可用作池塘水产养殖料。分离的沼液可溶性养分高、还原性较强，可以经过 10 d 左右的储存后再作为肥料施用或灌溉。一方面可以减少与土壤和作物的好氧竞争，另一方面有效利用沼液中的养分和水资源，减少了粪污后期处理量。猪场可以在站内或田间建立沼液储存池，方便沼液的利用。由于规模化猪场每天产生大量粪污，而沼液的利用是有限的，因此必然存在剩余沼液的后期处理问题，还田利用剩余的沼液必须经过处理，达到污染物排放标准后方能排入水体。

3. 废水的处理

规模化猪场的废水处理应本着“减量化、无害化、资源化、生态化”的原则进行，尽量推行干清粪工艺，有效利用固体粪污，减少废水的数量，合理处理废水，确保达标排放。废水处理包括物理处理、化学处理和生物处理三种方式。化学处理存在再次污染，一般很少采用。

（1）物理处理：物理处理主要是利用固液分离、格栅过滤、物理沉降方法使污水中的固形物沉淀，去除污水中的机械杂质。经过物理处理后的污水，可除去 40% ~ 65%的悬浮物，生化需氧量（BOD_5）下降 25% ~ 35%。化粪池内沉淀物应定期捞出，晾干后再进行处理。固液分离是水冲粪和水泡粪工艺常用的方法，过滤是废水处理工艺的必备措施，沉淀是废水处理最广泛应用的方法。

（2）化学处理：化学处理是根据污水中所含主要污染物的化学性质，用化学药品除去污水中的溶解物质或胶体物质的方法。因存在再次污染，一般很少采用。

（3）生物处理：生物处理是利用微生物的代谢作用分解污水中的有机物质，使污水达到净化的目的。废水的生物处理方法包括工厂化的生物处理方法和自然生物处理方法。自然生物处理法包含沉淀、光化学分解、过滤等净化作用。生物塘（氧化塘、兼性塘、厌氧塘和稳定塘）处理、土地处理（慢速灌溉、快速渗滤、地面漫流、人工湿地等）和废水养殖等均属自然生物处理法，这些方法一般投资小、动力消耗少，但占地面积较大、净化效率相对较低，在有条件的猪场和能满足净化要求的前提下，应尽量考虑采用此类方法。规模化猪场处理沼液最好选择氧化塘，同时采用冲氧设备、种植水生植物和养殖水产品等措施提高处理效果。人工湿地是利用土壤、人工介质、植物以及微生物的物理、化学和生物作用对废水进行处理，包括表面流人工湿地、水平潜流人工湿地和垂直潜流人工湿地 3 种。

对于排污要求高的规模化猪场，则要求废水处理包括物理、化学和生物处理法。猪场粪污干湿分离处理系统，污染较小，肥料价值高，猪舍环境好，是目前比较理想的工艺。国外采用比较多。

（二）发酵处理

发酵处理是利用专门的粪便发酵设备对猪场粪污进行发酵，利用发酵产生的沼气用于发电、照明、作燃料和肥料等，实现猪场粪污的综合利用。

规模化猪场利用发酵处理猪场粪污的投资较小，污染小，可以利用沼气产能，在我国南方粪污处理效果好，而在我国北方还需要改进发酵工艺。

（三）生态处理

生态处理是规模化养猪场由水冲式清粪重新回归传统的、经济有效的粪污处理方法。利用稻草、秸秆吸收粪尿制作成干粪，或者利用储粪池储存粪污，以“绿色肥料”形式返还农田，发展粮食、果蔬生产或者用于蚯蚓和鱼类饲养，解决猪场粪污的无害化处理和废物的综合利用。

生态还田工艺投资少、减少化肥的使用量、增加土壤肥力，但是，此法缺乏对污水的处理，容易造成疾病传播，连续过量使用粪污容易造成磷、重金属的水污染。需根据猪场周围土壤的消纳能力和废水的处理效果而确定相应的粪污生态处理系统。

三、猪场粪污的综合利用

规模化猪场可以根据具体情况，采用干湿分离、发酵处理和生态处理等粪污处理措施对粪污进行有效处理，有利于猪场环境卫生，还能够实现废物再利用。同时，对猪场产生的污水进行有效处理，确保规模化养殖的健康、持续发展。规模化猪场每天排出的粪污既是污染源，又是可以利用的资源。猪场粪污通过干湿分离、发酵和生态处理等技术解决猪场粪污污染问题，同时实现粪污资源的再利用。目前，规模化猪场粪污的综合利用主要采用物质循环利用型生态工程和健康与能源型综合系统。

（一）物质循环利用型生态工程

利用物质循环利用工程解决规模化猪场粪污污染是规模化养殖的最终出路。目前常用的物质循环利用工程是种植业—养殖业—沼气工程，主要包括果（林、茶）

园养猪、猪—沼—果、猪—湿地—鱼塘、猪—蚯蚓—甲鱼、猪—生化池等模式。

规模化猪场的种植业—养殖业—沼气工程主要内容是：

粪污进入沼气池经厌氧发酵产生沼气，对沼气进行合理利用；沼渣和沼液中的有益成分可作为优质饲料、饵料或肥料，应用于畜禽、鱼虾、蚯蚓等的养殖和作物、果蔬、食用菌等的种植，可以增加肥力，改良土壤，防止土壤板结，形成以沼气工程为纽带，种、养、渔、副、加工业一体化的生态物质循环系统，有利于保障环境，提高资源利用率，降低生产成本，提高养猪生产效益，是我国养猪业健康、持续发展的重要保障。

（二）健康与能源型综合系统

健康与能源型综合系统是利用物质生态循环利用与再生能源开发利用的机理，将猪粪尿进行厌氧发酵，通过一系列种养殖及粪污处理设施，对产生的气体、液体和固体成分进行综合利用，开发出再生能源、肥料、饲料、食品等健康产品。此系统充分利用粪污中的有效成分，减少废物排放，有效保持猪场周围的卫生和生态环境，保证猪群和人类的健康，减少能耗，提高猪场生产效益。这一系统还包括一整套净水处理系统和植树系统，才能保证健康与能源综合系统的正常运行。

参考文献

[1] 鲜凌瑾，杨定勇．养猪与猪病防治[M]．成都：西南交通大学出版社，2013.
[2] 王振华，杨金龙．猪场生物安全控制[M]．成都：西南交通大学出版社，2013.
[3] 全国畜牧总站．生猪标准化养殖技术图册[M]．北京：中国农业科学技术出版社，2012.
[4] 李长强，李童，闫益波．生猪标准化规模养殖技术[M]．北京：中国农业科学技术出版社，2013.
[5] 修金生．标准化猪场设计与管理[M]．福州：福建科学技术出版社，2012.
[6] 掌子凯，刘长春．生猪养殖主推技术[M]．北京：中国农业科学技术出版社，2013.
[7] 吴德．猪标准化规模养殖图册[M]．北京：中国农业出版社，2013.
[8] 武英．猪标准化生产技术参数手册[M]．北京：金盾出版社，2012.
[9] 代广军，苗连叶．规模养猪细化管理技术图谱[M]．北京：中国农业出版社，2010.
[10] 闫若潜，李桂喜，孙清莲．动物疫病防控工作指南[M]．北京：中国农业出版社，2011.